九州の鉄道

国鉄・JR編【現役路線】

写真：安田就視
解説：牧野和人

151系こだま形の流れを汲むボンネットを備えるクハ481を先頭にした485系「にちりん」。博多～西鹿児島（現・鹿児島中央）間を結ぶ九州東岸回りの特急だった。当初はキハ82系による１往復の運転だったが大分発着便を増発した折に485系が投入された。
◎鹿児島本線　博多　1990（平成２）年８月

Contents

1章

新幹線、鹿児島本線と沿線

中元寺川を渡る9600。後藤寺～船尾間には石炭列車が頻繁に運転されていた。牽引機は9600。重連運用であっても２両とも逆機で運転する列車が多かった。同路線としては珍しく後藤寺行きの列車が補機を前向きに付けてやって来た。
◎後藤寺線　船尾～起行（貨）　1973（昭和48）年11月29日

2章
長崎本線と沿線

3章
日豊本線と沿線

まえがき

島内を縦断する新幹線をはじめ、九州のJR路線を走る車両は個性的な形と色彩で旅行者に「乗ってみたい、観てみたい」と憧れを抱かせるものが多い。観光地に向けては専用の特急車両が用意され、地方路線を行く普通列車は緑の中に映える明るい塗装が印象的だ。また地元の方々が利用する近郊型電車も、車内へ足を踏み入れると座席や天井等に遊び心のある設えがロングシートに腰を下ろす退屈になりがちな旅を楽しいものにしてくれる。

近年になって観光地を巡る豪華列車も登場した。車両ばかりではない。肥薩線等、鉄道黎明期からの長い歴史を持つ路線の駅には、壁板に年輪が浮き出した矍鑠たる木造駅舎が現役の施設として使われている所がいくつもある。そんな駅へ民営化以降に登場した新型車両が停まる様子を見ていると、時を超えて新旧が共演する模型鉄道の中にいるような気になる。

路線の形状にしても北九州地方の都市間を結ぶ堂々たる複線軌条に山越え、海沿いの鉄路。ループ線、スイッチバックに雄大なオメガカーブと列車の活躍舞台には事欠かない。過去帳入りした国鉄型特急車両や客車列車等をページに織り交ぜた、躍動感溢れる九州の鉄道を堪能していただきたい。

2019年秋　牧野和人

1章

新幹線、鹿児島本線と沿線

熊本県南部の鹿児島本線湯浦～津奈木間は、二つの港町を隔てる山越え区間。谷間を流れる小川にはいくつもの短い橋梁が架かる。絵入りのヘッドサインを掲げた485系は旧国鉄末期の姿だ。◎鹿児島本線湯浦～津奈木　1985(昭和60)年7月

さんようしんかんせん

1-1 山陽新幹線

本州と九州を結ぶ旅客輸送の主軸

路線DATA

起点：新大阪

終点：博多

開業：1972（昭和47）年3月15日

全通：1975（昭和50）年3月10日

路線距離：553.7㎞

新大阪から岡山、広島等、瀬戸内の主要都市を結んで九州博多へ乗り入れる山陽新幹線。九州には小倉、博多駅があり、いずれも在来線と連絡している。この二駅には全ての営業列車が停車する。小倉ではほとんどの列車が１分程度停車する。しかし、九州内の区間を含めて管轄はJR西日本。

終点博多に顔を出す列車は東海道新幹線経由で長躯東京との間を結ぶ「のぞみ」を始め、東海道新幹線時代から馴染み深い列車名の「ひかり」「こだま」も設定されている。「こだま」は新山口、広島、岡山等の途中駅を始発終点として博多間で運転する列車があり、西へ行くほど本数が増える。また、朝晩の時間帯で小倉～博多間の一区間のみを営業運転する列車が数本ある。小倉～博多間の距離は67.2㎞で所要時間は17分だ。

九州新幹線が博多～新八代間で延伸開業してからは、新大阪～鹿児島中央間を結ぶ「さくら」「みずほ」が列車の陣容に加わった。博多では２分間の停車時間で乗務員交代を行い、客室乗務員がホームで見送る中、九州新幹線へ滑り出して行く。

ロケットのような先頭形状で人気の高い500系。東京～博多間を結ぶ「のぞみ」として東海道山陽路を走り抜けた。「のぞみ」の運用を退いた現在は８両編成に短縮されて、山陽新幹線区間で「こだま」運用に就く。小倉～博多間の列車にも充当され博多駅によく顔を見せる。◎山陽新幹線　小倉　2019（平成31）年１月

九州新幹線へ直通する「さくら」「みずほ」。専用車両を用いた列車は１時間に１、２往復の頻度で山陽路を行き交う。鉄道で大阪と鹿児島を日帰りで往復することが可能になり、関西人にとっての九州旅行をより手軽なものにした。今日ではJR等が新幹線を利用した企画商品を多数販売している。◎山陽新幹線　博多　2019（平成31）年２月15日

「ひかりレールスター」用の700系7000番台車。白を基調にした車体を持つ従来の700系に対して明るい灰色の装いで登場した。山陽新幹線内で「ひかり」の運用が減少した今日では「こだま」運用に就く機会が多い。新大阪方の先頭車に４人掛け用の個室席を備える。◎山陽新幹線　博多付近　2019（平成31）年２月

きゅうしゅうしんかんせん

1-2 九州新幹線

伝統の列車名を新幹線が継承

路線DATA

起点：博多
終点：鹿児島中央
開業：2004（平成16）年3月13日
全通：2011（平成23）年3月12日
路線距離：256.8km

250km余りの距離がある博多〜鹿児島中央間を１時間30分ほどで結ぶ九州新幹線。当初は東海道、山陽新幹線で使用されてきた従来型車両とは全く別形式の800系を伴い、新八代〜鹿児島中央間で先行開業した。大部分の区間で並行する鹿児島本線よりも山側を通り、長大トンネルで直線的に進む経路を取る。新幹線用として開業した５つの駅は、いずれも在来線と連絡している。しかし新幹線に乗っているとトンネルを出ると駅が現れ、駅を発車するとすぐにトンネルへ入るという具合で、超高速列車の車窓を楽しむことはなかなか難しい。在来線特急との乗換駅だった新八代は、同一ホームで新在列車の乗り換えができる構造となった。新規開業から７年後の2011（平成23）年に博多〜新八代間が延伸開業し、南北九州は新幹線で結ばれた。延伸開業区間の福岡、熊本県境付近は在来線の山側に建設された。その結果、街中にある在来線の駅と離れた田園部に新大牟田、新玉名駅が開業した。

博多〜鹿児島中央間等、九州新幹線内で運転される各駅停車タイプの列車は「つばめ」。鹿児島本線で運転していた特急から受け継いだ列車名である。また、全線開業と同時に山陽新幹線からの列車が乗り入れを始めた。こちらは新大阪と鹿児島中央の間を行き交う昼行長距離列車だ。「さくら」「みずほ」と寝台特急で慣れ親しんだ列車名が並ぶ。特に「さくら」は第2次世界大戦前に東京〜下関間で運転されていた特急「櫻」を偲ばせる伝統の列車名だ。山陽新幹線乗り入れ列車はJR九州、西日本のいずれかに所属する青磁色のN700系8両編成で運転される。新大阪〜鹿児島中央間の所要時間は４時間余りである。日中は概ね１時間に１本の運転頻度で新大阪を発着する。なお「さくら」には博多〜鹿児島中央間の列車も設定されている。

また九州新幹線は現行の鹿児島ルート以外に、新鳥栖から長崎へ向かうルートが計画されている。武雄温泉〜長崎間は建設工事が進んでおり、2022（令和４）年度内の開業を目指している。

車両基地で顔を揃えたN700系7000、8000番台車。博多〜新八代間の延伸開業に合わせ、山陽新幹線新大阪と鹿児島中央を結ぶ列車用としてJR九州、西日本所属の車両が誕生した。同時に寝台列車で親しまれた「さくら」「みずほ」の列車名が復活した。
◎九州新幹線　熊本総合車両所　2011（平成23）年３月

九州新幹線最初の専用車両として登場した800系。丸みの強い流線型の先頭部を備える車両は6両編成。制御装置等は700系を元に開発、製造された。車体には図案化されたツバメが舞う。旧国鉄時代から広く知られた栄光の列車名である「つばめ」を現在に継承する列車だ。
◎九州新幹線　新八代　2007（平成19）年9月

九州新幹線で最初に開業した新八代～鹿児島中央間はトンネルの多い区間である。しかしミカン畑の中に飛び出し、陽光の下で山間部を走る所もある。車窓には紫紺の八代海が広がる。鹿児島本線（現・肥薩おれんじ鉄道）の袋駅付近だ。
◎九州新幹線　出水～新水俣　2010（平成22）年6月

はかたみなみせん

1-3 博多南線

福岡市内の旅客輸送に新幹線を利用

路線DATA

起点：博多

終点：博多南

開業：1975（昭和50）年3月10日（山陽新幹線の回送線）

全通：1990（平成2）年4月1日（旅客線）

路線距離：8.5㎞

博多から車両基地である博多総合車両所まで延びる回送線を利用した旅客営業路線。民営化後に既存施設の有効活用を具現化する方策の一つとして実現した。新幹線の設備、車両を使うものの管轄するJR西日本は新幹線ではなく、在来線として扱う。但し、時刻表類では新幹線の頁に時刻表を記載しているものが多い。乗車には乗車料金の他、特定特急料金として100円が必要となる。グリーン車へ乗車する場合には、さらに特急急行列車用グリーン料金も掛かる。また当路線は普通として運転される列車はないものの「特急料金不要の特例区間」には含まれず、「青春18きっぷ」等では乗車できない。

朝夕の時間帯には1時間当たり2～4本の上下列車が運転される。日中には1時間に1往復程度の運転となる。主に通勤、通学者の利用を見込んだ時刻設定である。

路線内の駅は博多と博多南。博多南は博多総合車両所の西側にあり単式ホーム1面を持つ。車両基地施設と同じ築堤上にあるホームから出発線、留置線に並ぶ新幹線車両を眺めることができる。使用される車両は現在500系、700系7000番台車。「さくら」等用のN700系7000、8000番台車で8両編成に統一されている。

山陽新幹線の博多開業を控えて、博多駅より南の春日市、那珂川市に跨る地域に大規模な車両基地が1974（昭和49）年に建設された。近年になって新幹線車両の寿命は短くなる傾向にあり、留置線に並ぶ顔ぶれは時代を象徴している。N700系は21世紀の顔である。
◎山陽新幹線　博多総合車両所　2016（平成28）年3月13日

広い構内に所狭しと台車等が並ぶ眺めは壮観だ。工場の役割を担う車庫内では、車両の全般検査を始めとした各種点検整備が行われている。在来線の車両よりも走行距離が極めて長くなる新幹線では、日々の確認箇所が自然と多くなる。
◎山陽新幹線　博多総合車両所　2016（平成28）年3月13日

山陽新幹線随一の車両基地を東側の上空から鳥瞰する。画面奥の短いホームがある部分は博多南駅。今日では側を九州新幹線が走り抜ける。しかし、当所は開設時より現在まで山陽新幹線用の施設であり、留置線には16両編成の白い車体が足を休める姿が目立つ。
◎山陽新幹線　博多総合車両所　2017（平成29）年12月2日

1-4 鹿児島本線（門司港～八代、川内～鹿児島）

福岡～鹿児島を結んだ九州鉄道網の脊柱

路線DATA

起点：門司港

終点：鹿児島

開業：1889（明治22）年12月11日

全通：1909（明治42）年11月21日（人吉経由）
1927（昭和２）年10月17日（川内経由）

路線距離：門司港～八代232.3㎞
川内～鹿児島49.3㎞
香椎～福岡貨物ターミナル3.7㎞

九州を巡る在来線の起点である門司港駅から小倉、博多、久留米、熊本と島内西部の主要都市を結んで八代へ至る経路と、川内～鹿児島間に分かれる現在の鹿児島本線。かつては門司港～鹿児島間を結ぶ文字通りの九州縦貫路線だった。しかし九州新幹線の博多～新八代間部分開業の折、八代～川内間は第三セクター鉄道の肥薩おれんじ鉄道へ移管された。その一方で川内～鹿児島間はJR路線として存続し、九州在来線随一の幹線は同じ路線名でありながら分断された二つの区間を持つこととなった。川内～鹿児島間は大正期に川内線（後に川内本線）として開業した。鹿児島本線は八代以南で現在の肥薩線に相当する区間を経由していた。川内線が沿岸部に延伸されて八代～川内間を結ぶと同区間が鹿児島本線へ編入され、肥薩おれんじ鉄道の発足まで長年に亘って存続した経路となった。

九州新幹線の開業までは全線に亘り、昼行夜行の優等列車が頻繁に行き交った。しかし特急「リレーつばめ」「有明」等、当路線由来の列車は新幹線に長距離輸送の任を譲り大部分が廃止。寝台特急「はやぶさ」「みずほ」「なは」等は平成期以降に促進された、全面的な寝台列車の縮小方針に飲まれて姿を消した。現在では小倉～博多～鳥栖間で通勤特急や他路線へ乗り入れる特急列車が往来して幹線らしい情景を留めている。

また都市間輸送の任を負う姿は健在であり、博多を中心に門司、荒尾等へ向かう快速、普通列車が行き交う。使用される車両は813系や817系等、民営化以降に登場した個性的な姿の近郊型電車が主力だ。

建ち並ぶビルの間に天守閣が顔を覗かせる小倉の街並を背景に高架上を行く485系の特急列車。運転室下部にJNRマークが光る旧国鉄時代のいで立ちだ。小倉～博多間には鹿児島本線の列車に加えて「にちりん」等、日豊本線の優等列車も乗り入れていた。◎小倉駅付近 1984（昭和59）年３月

原田駅では鹿児島本線と筑豊本線が出会う。いずれも北九州地区を巡る幹線であったが、筑紫野市の南端部に位置する当駅の周りは長らく閑散としており、優等列車はことごとく通過した。民営化後も鹿児島本線の特急列車が行き交う。草生した構内は、筑豊地区からの石炭列車で賑わった往時を偲ばせる。◎鹿児島本線　原田　1992（平成４）年10月

博多湾に近い河口付近で多々良川を渡る交直流両用の近郊型電車。旧国鉄時代の車体塗装は赤を基調にして、前面にクリーム色の塗り分けを入れた電源方式別の塗り分けである。国鉄線の河口側には西日本鉄道宮地岳（現・貝塚）線、国道３号の橋が並んで架かる。
◎鹿児島本線　千草～箱崎　1986（昭和61）年11月

戸畑から八幡、黒崎と北九州市区内を複線で横断する。画面奥には百貨店等のビルが建つ黒崎駅前付近。国鉄路線の右手には西日本鉄道北九州線の車両基地であった黒崎車庫がある。路面軌道用電車の寝庫だった当施設は現在、筑豊電気鉄道に継承されている。
◎鹿児島本線　黒崎～陣原　1984（昭和59）年３月

福岡県南西端部の街大牟田。地域の鉄道拠点である大牟田駅には特急が行き交っていた時代より大部分の列車が停車した。現在も当駅を始発終点とする普通列車は多い。また貨物輸送の拠点でもあり、電気機関車や入替用のディーゼル機関車の姿を目にする機会は多い。
◎鹿児島本線　大牟田　1992（平成４）年

登場時の塗装で桜並木のあるホームを通過する783系の特急「有明」。九州旅客鉄道が発足し、初めて登場した新型特急用車両だった。写真の４両編成は３次製造車として1990（平成２）年に投入された車両。「有明」の他、日豊本線の大分以北で運転されていた特急「にちりん」の運用にも就いた。◎鹿児島本線　瀬高　1992（平成４）年10月16日

八代市郊外を流れる球磨川には４連の上部トラスを含む鉄橋が架かる。国鉄特急色を纏った485系の特急「有明」が轟音とともに渡って行った。車体には九州旅客鉄道のイメージカラーである赤いJRマークが貼られている。それと共に運転台下にはJNRマークが。民営化後の僅かな期間に見られた姿だ。◎鹿児島本線　八代～肥後高田　1987（昭和62）年11月18日

本州～九州および九州内の急行列車に充当された455系、475系は昭和50年代に入って急行の廃止、縮小が進むにつれて普通列車に転用された。編成は電動車付随車、電動車、付随車の3両に短縮。また民営化と前後してクリーム地に青い帯を入れた一般車塗装になった。◎鹿児島本線　津奈木～水俣　1994（平成６）年１月26日

寝台特急用電車の581系、583系は1970（昭和45）年の鹿児島本線全線電化に伴い特急「有明」２往復に充当された。翌年には３往復体制となり1984年まで運用された。昭和50年代末期にはすでに絵入りのヘッドサインが広まっていたが、この編成は文字のみが記されたマークを掲出している。◎折口～阿久根　1983（昭和58）年８月28日

外海に向かって大きく開けた天草灘は、西風が吹き荒ぶ冬になると白波が立つ勇壮な表情を見せる。枯野となった海岸線を783系の特急「有明」が駆ける。新型車両が投入されてから、博多～西鹿児島(現・鹿児島中央)間を結ぶ速達便は列車名を「スーパー有明」としていた。
◎西方～薩摩高城　1994(平成6)年1月25日

川内市(現・薩摩川内市)郊外の丘陵地を抜けると終点の西鹿児島(現・鹿児島中央)までは30分程の道のりだ。新大阪から夜を徹して東海道、山陽、鹿児島と続く幹線経路を走って来た寝台特急「なは」は、鹿児島県内を朝の通勤通学時間帯に通過していた。
◎木場茶屋～隈之城　1995(平成7)年1月25日

鹿児島本線経由で東京～西鹿児島（現・鹿児島中央）間の寝台特急として運転していた「はやぶさ」。使用する客車は昭和50年代の初めに20系から24系24形、24系25形に移った。25形では新製時よりＢ寝台車の寝台設備を、それまでの３段から２段仕様として居住性の向上を図った。
◎湯浦～津奈木　1986（昭和61）年11月

平成に登場した九州の電車

北九州地域の都市間輸送の改善と老朽化した車両の置き換えを目的に1989（平成元）年に投入された811系。近年全車両を対象にリニューアル化がはじまった。

福北ゆたか線で使用される813系交流電車はシルバーで、ワンマン運転が行われている。福北ゆたか線は黒崎から折尾、桂川、吉塚を経由して博多に至る運転系統の愛称である。

813系の一般タイプで、1994（平成6）年登場した多数派。鹿児島本線（門司港寄り）、日豊本線（小倉寄り）、長崎本線など幹線で活躍している。

2007（平成19）年に登場した813系1100番台は大型の行先表示板が採用された。全編成が近畿車輛製の3両固定編成である。

熊本、大分地区で活躍する815系はワンマン対応車。アルミ製のボディに黒、赤、銀の独特の塗り分けの前面が印象的である。

21世紀の近郊電車である817系。当初は篠栗線（福北ゆたか線）の電化開業にともないデビューし、同時に長崎本線・佐世保線にも配属された。

ＪＲ九州の直流電化区間である筑肥線で活躍する303系はステンレス車。福岡市営地下鉄空港線へも乗り入れる。

筑肥線の新型車両として2015（平成27）年に登場した305系。303系と共通運用で福岡空港～西唐津の区間内で運転されている。

1-5 鹿児島本線（八代～川内（現・肥薩おれんじ鉄道））

第三セクター化された鹿児島本線海線

路線DATA

起点：八代
終点：川内
開業：1922（大正11）年7月1日
全通：1927（昭和2）年10月17日
第三セクター転換：2004（平成16）年3月13日
路線距離：116.9㎞

鹿児島本線の一部であった区間を第三セクター鉄道に転換した路線。沿線に九州新幹線が通らない地域が点在する鹿児島本線八代～川内間を存続すべく、関係自治体や存続後も列車を乗り入れるJR貨物等が出資して受け皿となる新会社を設立した。新幹線の開業時に同区間は第三セクター会社の「肥薩おれんじ鉄道」へ転換された。

八代から八代海沿岸を南下する線路は鹿児島本線であった頃と同じ単線の交流電化路線だ。駅の近くに海水浴場がある上田浦周辺では海岸線の至近を通る。佐敷から津奈木、水俣にかけては谷筋へ分け入る山越え区間。新水俣、出水は九州新幹線との連絡駅である。地域の拠点である阿久根の前後で線路は再び海辺へ出る。水平線を望む海原は天草灘。薩摩高城を過ぎて内陸部へ進み、川内川を渡ると新幹線の高架と共に川内駅構内に入る。

平日は普通列車のみで運行される。全区間を通して運転する列車の他、鹿児島本線隈之城、新八代まで乗り入れるものや出水始発終点で八代、川内の両方向を結ぶ区間列車もある。また土曜休日には出水始発終点の快速列車が運転される。出水～熊本間の列車は「スーパーおれんじ」。出水～鹿児島中央間の列車は「オーシャンライナーさつま」の列車名を持つ。これらのうち「オーシャンライナーさつま4号」は社線内を通して運転する。

風光明媚な沿線風景を活用すべく観光列車も金曜土曜休日等に運行される。専用車両を使い、車内で食事を供する「おれんじ食堂」は下り1本、上り3本の設定がある。

電化路線だが旅客列車はいずれもHSOR-100形等同社の気動車を使用する。

八代市の郊外に当たる日奈久温泉を過ぎると、線路は八代海に沿って続く。土曜休日に運転する快速「スーパーおれんじ」が紫煙を燻らせながら軽快に駆けて行った。視程の良い日には、海を隔てて遥かに望む島原半島にそびえる雲仙普賢岳が見える。
◎肥薩おれんじ鉄道　上田浦～肥後二見　2015（平成27）年4月25日

「変わりゆく美しい九州西海岸の景色を眺めながらゆったり、のんびり、スローライフな旅が楽しめる快適な空間の演出」という趣旨で登場した観光列車「おれんじ食堂」。木製のテーブルや椅子を設え、洒落たカフェレストランを彷彿とさせる内装を備える。
◎肥薩おれんじ鉄道　薩摩高城～西方　2013（平成25）年8月27日

駅施設等は鹿児島本線時代からのものを継続して使っている所が多い。旅客列車は全て気動車で運転しているが、電化施設は存置されている。当路線には貨物列車が鹿児島本線から乗り入れており電気機関車が牽引する。◎肥薩おれんじ鉄道　2013（平成25）年9月3日

へいせいちくほうてつどうもじこうれとろかんこうせん

1-6 平成筑豊鉄道門司港レトロ観光線

港町の旧貨物線を行くトロッコ列車

路線DATA

起点：九州鉄道記念館

終点：関門海峡めかり

開業：2009（平成21）年4月26日

路線距離：2.1㎞

北九州市内の門司港レトロ地区に残る鹿児島本線の貨物支線であった門司港〜外浦間。田野浦公共臨港鉄道の廃線跡を利用した観光鉄道。土地、施設は北九州市が所有し、列車の運行を平成筑豊鉄道が行う。定期運行日は例年、３月中旬から11月下旬までの土日曜休日と春休み夏休み期間中の約130日。

門司港駅付近から発車した列車はヨット等が停泊する港湾沿いに進む。頂上に和布刈公園がある小山の下をトンネルで潜り終点の関門海峡めかりに到着する。

トロッコ客車２両を小型のディーゼル機関車２両が挟んで走る。客車はかつて島原鉄道で「島原ハッピートレイン」で使われていた。旧国鉄の無蓋貨車を改造した車両だ。また機関車は南阿蘇鉄道でトロッコ列車の「ゆうすげ号」を牽引していた。

小さな列車はまるで遊園地の遊具のように見えるが事業認可を得て営業するれっきとした普通鉄道である。軌間1,067㎜の線路は門司の海沿いに国鉄貨物線があった証しだ。後ろの山上には関門橋の支柱が見える。
◎平成筑豊鉄道　門司港レトロ観光線　関門海峡めかり〜ノーフォーク広場　2017（平成28）年７月

門司港駅構内の南側から旧貨物線へ動き出した列車は、すぐに広い踏切で国道を渡る。踏切より国道を少し西へ進むと門司港駅前へ出る。「潮風号」は10時から16時40分まで九州鉄道記念館駅を40分間隔で発車する。
◎門司港レトロ観光線　九州鉄道記念館～出光美術館　2017（平成28）年７月

起点駅の駅名票。歴史に彩られた港町らしい古風な書体で駅名等が記載されている。票の上部には路線の愛称である「北九州レトロライン」と記載されている。愛称は命名権を持つ銀行の経営形態が変更されたことに伴い2011（平成23）年に「やまぎんレトロライン」から変更された。◎門司港レトロ観光線　九州鉄道記念館　2017（平成28）年７月

トロッコ列車の終点駅は門司城址、和布刈公園がある小山の北麓にある。駅前には関門トンネルで活躍した交直流両用電気機関車F30の1号機と旧型客車のオハフ33が保存展示されている。客車の中は改装されカフェが営業している。◎門司港レトロ観光線　関門橋めかり駅　2017（平成28）年７月

かしいせん

1-7 香椎線

潮風が吹き抜ける海の中道を行く

路線DATA

起点：西戸崎
終点：宇美
開業：1904（明治37）年1月1日
全通：1905（明治38）年12月29日
路線距離：25.4km

粕谷炭田で産出する石炭を積み出し港がある西戸崎へ運ぶ目的で建設された鉄道。博多湾鉄道が西戸崎〜須恵間を開業し、翌年に宇美までの区間を延伸して全通に至った。

起点西戸崎に近い海ノ中道〜雁ノ巣間では志賀島と九州本土の間に形成された長大な砂州、海の中道を通る。そのため沿線には柵等の砂防施設がある。現在は一般型車両による普通列車のみの運転だが、かつては博多〜西戸崎間で専用車両を用いた観光列車「サンシャイン号」「アクアエクスプレス」を運転していた。今日では福岡市近郊の通勤通学路線、生活路線という性格が強い。朝の時間帯に全区間直通の列車が設定されている他は香椎で列車の運用は分断される。路線内の駅で香椎は鹿児島本線、長者原は篠栗線と連絡する。

全区間非電化だが、全ての列車を蓄電池電車のBEC819系300番台車で運転している。香椎駅には充電設備がある。

海の中道を走るキハ200系。一方通行の道と並行する区間は幅が１㎞ほどある砂洲の内陸部を進む。沿線は木々で被われ車窓から海の気配は感じられない。茂みの向うには海の中道海浜公園、マリンワールド海の中道等の観光施設がある。
◎香椎線　西戸崎〜海ノ中道　1998（平成10）年８月４日

博多湾を望む海岸沿いをキハ47の2両編成が走る。車体の塗装はJR九州の一般形車両色だ。旧国鉄期より香椎線の運用に就いていたキハ40、47等は民営化後もしばらくの間、当路線の主力として活躍した。奥に見える建物は水族館の「マリンワールド海の中道」だ。◎香椎線　海の中道～西戸崎　1994(平成6)年4月

大きな陸繋(りくけい)砂洲である海の中道には水族館や動物公園、遊園地等があり福岡市民等にとって身近な行楽地となっている。そのため線路の沿線には広大な駐車場が整備されている。鉄道利用客への配慮からか線路周辺には草木が茂り、アスファルトの空間を車窓から隠している場所が多い。◎香椎線　西戸崎～海の中道　1998(平成10)年8月4日

ささぐりせん

1-8 篠栗線

博多と筑豊を結ぶ短絡路線

路線DATA

起点：桂川
終点：吉塚
開業：1904（明治37）年6月19日
全通：1968（昭和43）年5月25日
路線距離：25.1㎞

石炭の運搬を目的として九州鉄道が開業した吉塚～笹栗間の路線に、1960年代になって桂川から長大トンネルで笹栗へ線路を延ばし博多と筑豊を結ぶ短絡線とした。2001（平成13）年に全線が電化開業した折には鹿児島本線、筑豊本線、当路線を含む黒崎～折尾～直方～桂川～吉塚～博多間に「福北ゆたか線」の愛称がついた。

明治期に開業した笹栗～吉塚間は福岡市の郊外で、線路は住宅が建ち並ぶ中に延びる。篠栗から桂川に向かって山間部となり、高い築堤と高架橋が続く新線区間らしい様子となる。九郎原～城戸南蔵院前間に長さ4,550mの篠栗トンネルがある。

直方～博多間の特急「かいおう」は当路線を経由する。2往復の運転で路線内の停車駅は桂川と吉塚。また路線内を走る全ての列車は博多を始発終点とする。日中は筑豊本線の直方、新飯塚まで直通する列車が主体。快速列車も設定され、篠栗線内では九郎原、門松、柚須の各駅を通過する。朝夕晩に博多～篠栗間の区間列車がある。

春の花が咲き乱れる田園の中を気動車が駆けて行った。旧国鉄期に篠栗と原町の間に駅はなく5.3㎞の駅間距離があった。現在は篠栗から2.6㎞の地点に門松。2㎞地点に長者原駅がある。◎篠栗線　篠栗～原町　1981（昭和56）年4月7日

原町駅から篠栗方面へ向かうと道路橋を潜った先に香椎線との立体交差がある。旧国鉄時代からここに駅の設置を望む声は高かったが、長者原駅として実現したのは民営化後の1988(昭和63)年3月13日だった。◎篠栗線　原町～篠栗　1981(昭和56)年4月7日

篠栗方面から真っ赤な車体の気動車列車がやって来た。キハ200は1991(平成3)年に直方気動車区(現・筑豊篠栗鉄道事業部)へ始めて配置された。筑豊本線、篠栗線の快速列車に充当され、そのいで立ちから「赤い快速」の愛称名が付いた。
◎篠栗線　筑前大分～桂川　1994(平成6)年4月14日

1-9 筑肥線

電化区間に地下鉄車両が乗り入れ

路線DATA

起点：姪浜　山本
終点：唐津　伊万里
開業：1923（大正12）年12月5日
全通：1929（昭和4）年4月1日
路線距離：42.6㎞（姪浜～唐津）、25.7㎞（山本～伊万里）

電化区間の姪浜～唐津間と非電化区間である山本～伊万里間の総称。大正から昭和期にかけて北九州鉄道が建設した博多～伊万里間の路線を祖とする。昭和初期に買収、国有化された後も長らくは全区間が非電化単線の地方路線という位置付けであった。しかし福岡市営地下鉄空港線との相互乗り入れに伴い、1983（昭和58）年に姪浜～唐津～西唐津間が電化開業。同区間は地下鉄の電化方式に倣い、九州のJR路線では異例の直流で電化された。同時に地下鉄区間と競合する博多～姪浜間は廃止された。合わせて唐津周辺で線路の付け替えが行われて現行の線形になった。

電化区間の今宿付近や筑前深江から浜崎にかけて玄界灘を望む海辺を走る。東唐津を過ぎ、松浦川の河口付近を渡って唐津市街へ至る。終端部の唐津～西唐津間は唐津線である。一方、山本を起点とする非電化区間は肥前久保付近まで唐津線と並行した後、川幅が狭くなった松浦川の流れに沿って進む。なだらかな山容に囲まれた谷筋を辿りつつ、浪瀬峠を越えて伊万里の街中へ入って行く。

地下鉄空港線の博多と唐津の間は所要時間1時間ほどである。現在は福岡市近郊の通勤路線であり、平日と土曜休日で異なる時刻表での運行となる。地下鉄線と相互直通運転を行い、唐津線西唐津まで足を延ばす列車の他、路線内を往復する運用もある。午前中、夕刻夜間に快速の設定がある。305系等のJR車両に加え、地下鉄車両が筑前深江まで乗り入れる。山本～伊万里間の列車は全て唐津線の西唐津、唐津と伊万里間を結ぶ運用。2時間に1往復ほどの運転頻度で、日中には3時間以上に亘って運転間隔が空く時間帯がある。キハ40、キハ125等が使用される。

唐津線と離れて松浦川沿いの谷筋を進むと岸岳の麓に開設された西相知駅がある。ホーム1面の小さな駅は交換設備を備える有人駅だった。旧国鉄期の1983（昭和58）年に無人化された。現在は1線が撤去され棒線駅の構内配線になっている。
◎筑肥線　西相知～佐里　1981（昭和56）年11月4日

所々にミカン畑がある山間部を行く列車はキハ30、35、36と通勤形気動車が全車種揃い踏みの編成だった。先頭から2両目に郵便荷物合造車のキハユニ26が組み込まれている。車両の塗装は1両を除いて朱色5号の首都圏気動車色に塗り替えられていた旧国鉄末期の様子だ。
◎筑肥線　駒鳴～佐里　1980(昭和55)年9月

草花が岸辺を飾る室見川を渡る気動車列車。福岡市地下鉄空港線の姪浜～室見および中洲川端～博多(仮)間開業に伴い、競合区間となった筑肥線博多～姪浜間は廃止された。室見川界隈は街中にありながらも地上に鉄道があった頃には長閑な雰囲気が漂っていた。
◎筑肥線　姪浜～西新　1981(昭和56)年7月14日

福岡市交通局の福岡市地下鉄空港線は筑肥線と相互直通運転を行う。両路線の連絡駅である姪浜のホームには、JR車両に混じり福岡市地下鉄の電車も頻繁に顔を見せる。◎筑肥線　姪浜

福岡市地下鉄、旧国鉄（現・JR九州）筑肥線の相互直通運転に際して投入された103系1500番台車。登場時はスカイブルー（青22号）の地にクリーム色（クリーム1号）の帯、塗り分け部配した塗装だった。運転台の上部にはJNRマークがあった。◎筑肥線　筑前深江～一貴山　1986（昭和61）年11月

糸島市西部には広々とした田園が残る。黄金色に染まった稲穂の向うを地下鉄乗り入れに対応した仕様の103系1500番台車が走る。戸袋窓を廃した側面は他の103系よりも整然とした表情。民営化後に変更された塗装は灰色の地に赤い前面、扉の組み合わせ。乗務員扉は黄色で塗装されている。◎筑肥線　筑前深江～一貴山　1998（平成10）年8月

1-10 甘木線（現・甘木鉄道甘木線）

軍飛行場への物資輸送を目的に建設

路線DATA

起点：基山
終点：甘木
開業：1939（昭和14）年4月28日
第三セクター転換：1986（昭和61）年4月1日
路線距離：13.7㎞

現在の福岡県朝倉市、三井郡大刀洗町、朝倉郡筑前町に跨る地域にあった軍事施設の大刀洗（たちあらい）陸軍飛行場へ鹿児島本線からの物資輸送を目的として建設された路線。昭和初期に計画され全区間が一気に開業した。1980年代に入って第１次特定地方交通線に指定されて廃止が決定。旧国鉄時代に第三セクター会社の甘木鉄道へ転換された。

鹿児島本線基山駅から東南側に分かれた線路は、小郡市の中心地を経て国道500号と並行しながら東進する。途中、大刀洗駅付近には旧国鉄路線時代に引き込み線が延びていたキリンビールの福岡工場が建つ。当地にはかつて陸軍飛行場があった。高田駅を過ぎ、小石原川を渡ると終点の甘木である。

列車は全て起点と終点を往復する運転形態。朝に運転する２両編成の列車を除きワンマン運転が実施されている。平日の朝夕は15分間隔。その他の時間帯は30分間隔で運行する。

路線名にもなっている終点甘木駅は旧甘木市街地の西側にある。ホーム1面2線の小ぢんまりとした構内だが1980年代まで貨物営業が行われ、車両の留め置き等に用いられた側線が数本敷設されている。通りを挟んだ南方には西鉄甘木線の甘木駅がある。
◎甘木線　甘木　1973（昭和48）年11月17日

小郡市、甘木市（現・朝倉市）の郊外部を横断する甘木線。旧国鉄時代の沿線は大部分の区間で田畑が続く農村部だった。第三セクター鉄道に転換されるまで1950、60年代生まれのキハ20がキハ40と共に活躍した。鹿児島本線へ乗り入れ博多まで直通する列車もあった。
◎甘木線　西太刀洗〜筑後松崎　1981（昭和56）年4月5日

宝満川を渡る甘木鉄道AR100形。旧国鉄甘木線の第三セクター鉄道化に合わせて富士重工業で製造された。2006（平成18）年までに6両全てが後継車へ置き換えられて廃車された。そのうちAR104は朝倉市内で保存。AR106は営業用車両として続投すべくミャンマーへ輸出された。◎大板井〜松崎　1994（平成6）年12月9日

1-11 三角線

天草観光の拠点へ延びる鉄路

路線DATA

起点：宇土
終点：三角
開業：1899（明治32）年12月25日
路線距離：25.6㎞

九州本土から八代海、島原湾に突き出した宇土半島を通る路線。熊本と天草、島原方面へ向かう船が発着する三角を結ぶ鉄道として九州鉄道が建設した。九州鉄道が鉄道国有法の下で国に買収されて官設鉄道になった。その後、国有鉄道線路名称設定により現行区間が三角線とされた。

起点の宇土は鹿児島本線で熊本から八代方へ進んで４つ目の駅である。線路は宇土の市街地を西へ延びる。住吉を過ぎると半島の北側沿岸を進む。車窓からは島原半島にそびえる雲仙普賢岳を遠望することができる。赤線〜石内ダム間で赤瀬トンネルを潜り、石打川に沿って半島の南側沿岸へ出る。家並越しに港が見えると終点の三角に着く。

専用のキハ185系を用いた臨時特急「A列車で行こう」が土曜休日等に熊本〜三角間で3往復運転される。観光地天草、島原への玄関口であった当路線へは、旧国鉄時代に急行「火の山」等が乗り入れていた。また、臨時快速列車として専用ヘッドマークを掲出した天草グルメ快速「おこしき」が設定されていた時期があった。

普通列車も全て熊本〜三角間の運行である。１時間に１往復ほどの間隔で運転する。一般型気動車のキハ40、キハ140、キハ200系を使用している。

駅前通りの街灯は未だぼんやりと点き、秋の長い夜は明け切っていないようだ。跨線橋から熊本方を眺めると、昨日から駐泊していたC11が貨物列車の先頭に着くために足元を前へ後ろへと移動していた。一番列車が到着する前に小柄なタンク機は身支度を整える。
◎三角線　三角　1973（昭和48）年11月17日

豊肥本線を通り九州の中央部を横断する急行「火の山」は島原、天草方面へ行き来する観光客の便を図るために2往復が三角線三角へ乗り入れていた。車窓から島原湾越しに遠望する雲仙普賢岳が乗客に次なる目的地への期待を呼び起こす。
◎三角線　網田～肥後長浜　1980(昭和55)年9月1日

ひさつせん

1-12 肥薩線

厳しい山越えが控える旧鹿児島本線

路線DATA

起点：八代
終点：隼人
開業：1903（明治36）年1月15日
全通：1909（明治42）年11月21日
路線距離：124.2km

明治期に官設鉄道として建設された。八代、国分（現・隼人）方の双方から工事が進められ、八代～人吉間は門司（現・門司港）から続く人吉本線。鹿児島～吉松間が鹿児島線となった。矢岳、大畑を経由する山越えの経路が完成して人吉～吉松間が延伸開業すると、門司～八代～人吉～鹿児島間が鹿児島本線になった。また昭和初期に八代～鹿児島間で阿久根、川内を経由する海沿いの路線が全通。八代～川内～鹿児島間が鹿児島本線に編入され、八代～人吉～鹿児島間は肥薩線となった。さらに都城～隼人間の路線が延伸開業すると隼人～鹿児島間は日豊本線に編集された。

肥薩線の車窓には山間の変化に富んだ風景が流れる。起点の八代からゆったりとした流れの球磨川に沿って深い谷間へ入る。鎌瀬付近で川を渡り鍾乳洞である球泉洞の近くを通る。周囲が開けた田園風景になると市内に大小の浴場が点在する温泉地人吉に着く。人吉からは吉松に向かって矢岳越えと呼ばれる急峻な山路が続く。大畑は高原のスイッチバック駅だ。構内の矢岳方はループ線で高度を稼ぐ。矢岳～真幸間では霧島連山と盆地を見下ろす雄大な眺めが展開する。日本の鉄道三大車窓の一つに数えられた絶景だ。真幸もスイッチバックの構内配線である。当駅に停車する列車は行き止まり式のホームに入る。黒園山の東山麓を通り川内川と共に吉松へ。久留味川や嘉例川等、か細い河川がつくり出した谷間を縫い、トンネルで道程を繋ぎ日豊本線と合流する隼人へ至る。

旧国鉄期には特急「おおよど」等、矢岳越えの区間を走行する優等列車があった。現在は八代～人吉間に特急「かわせみ　やませみ」3往復。「いさぶろう」「しんぺい」1往復が運行される。吉松～鹿児島中央間の特急「はやとの風」は土曜休日等運転の臨時列車だ。人吉～吉松間は1日3往復の運転で。そのうち2往復は普通列車扱いの「いさぶろう」「しんぺい」である。また、観光列車として8620形蒸気機関車が牽引する「SL人吉」を熊本～八代～人吉間で土曜休日等に運行する。

熊本を出て八代から肥薩線に入った急行「えびの1号」は吉松で付属編成を切り離して吉都線へ向かう。付属編成は西鹿児島（現・鹿児島中央行きの）快速「やたけ」として「えびの」よりも一足早く吉松を発車していった。
◎肥薩線　植村～霧島西口　1980（昭和55）年11月9日

山野線を走って来た貨物列車は栗野から肥薩線に入って吉松を目指す。列車の先頭に立つのは簡易線用のC56だ。炭水車に傾斜した掻き取り部を持つ個性的な姿の小型機関車は山野線、宮之城線用として吉松機関区に1974(昭和49)年まで配置されていた。
◎肥薩線栗野～吉松　1972(昭和47)年12月16日

一勝地から続いた谷間を抜けて盆地へ入れば拠点駅の人吉まではあと僅かだ。やって来たのはC57 100号機。シゴナナ希有のキリ番車は1961（昭和36）年に長崎本線、大村線等で天皇皇后両陛下がご乗車されたお召列車を牽引した。
◎肥薩線　渡～西人吉　1972（昭和47）年4月11日

線路が左右に延びる真幸駅構内を付近の山腹から眺めていたら停車する下り列車が盛大に黒煙を立ち昇らせ始めた。間もなく汽笛の合図と共に列車は前進を始める。本線へ出てしまえば吉松までは下り坂が続くのだが、単機牽引のD51は数両の客車を力一杯引き出した。
◎肥薩線　真幸　1972（昭和47）年1月3日

2000年代初頭にはJRの急行列車で最多の6往復を運転していた「くまがわ」。熊本～人吉間の列車だった。明るい青色の車体に列車名等の表記をあしらったいで立ち。冷房装置や水タンクまで同色で塗装されていた。キハ58とキハ65の2両編成だった。
◎肥薩線　鎌瀬～瀬戸石　2003(平成15)年9月28日

真幸は肥薩線の中で唯一宮崎県下にある駅だ。1986(昭和61)年に無人化されたが真の幸と読む入場等今も人気である。白煙を小気味良く吐きながらD51が発車した。ホームから見上げる本線の築堤は冬枯れの装い。構内はいつも通り、石庭のごとく掃き清められているのだろうか。◎肥薩線　真幸　1972(昭和47)年1月3日

真幸駅のホームに停車した人吉方面行きの上り列車は、一旦引き上げ線へ後退してから力行しながら急勾配の本線を上って行った。客車2両の短編成だがD51は段切り状の煙を盛大に吹き上げた。2両目の客車は座席郵便荷物合造車のオハユニ61だ。
◎肥薩線　真幸〜矢岳　1972(昭和47)年1月2日

スイッチバック構造の大畑駅を行く急行「えびの」。旧国鉄時代には7両だった編成は民営化後に短縮され、2度目の塗色変更を施工された頃には最小単位の2両編成となっていた。その一方でヘッドマークの掲出は継続され優等列車の面目を辛うじて保っていた。
◎肥薩線　大畑　1994(平成6)年1月21日

キハ47の2両編成が川面近くに架かる橋を渡った。球磨川の水面が車窓の近くに感じられるのは鎌瀬から白石にかけて続く谷間の路。水は周囲の山々を映し出して深い緑色を湛える。後年になって付近のダムが廃止され、場所によって水位は線路、道路より数m も下がった。
◎肥薩線　鎌瀬～瀬戸石　1986（昭和61）年7月

球磨川沿いの八代～人吉間は川線と呼ばれる区間。深い谷間を通る所は多いものの、矢岳越えのほどの急勾配はなかった。そのために本来は旅客用機関車のC57が客貨両運用に充当された。◎肥薩線　鎌瀬～瀬戸石　1972(昭和47)年12月14日

1980年代の始めまで人吉～吉松間には客車列車、混合列車が走っていた。旧型客車を用い蒸気機関車全盛時と似通った姿の列車をDD51が牽引。急勾配が連続する矢岳越えの鉄路を上り下りしていた。◎肥薩線　大畑～人吉　1980(昭和55)年8月31日

鎌瀬駅の先で肥薩線は球磨川を渡る。球磨川第一橋梁は1908（明治41）年の竣工。米国人技師クーパー、シュナイダーが設計し米国のアメリカンブリッジ社が制作した。那良口～渡間に架かる球磨川第二橋梁と共に稀少な現役の構造物である。
◎肥薩線　鎌瀬～瀬戸石　1991（平成3）年9月28日

いぶすきまくらざきせん

1-13 指宿枕崎線

開聞岳を望むJR線最南端の駅西大山

路線DATA

起点：鹿児島中央
終点：枕崎
開業：1930（昭和５）年12月７日
全通：1963（昭和38）年10月31日
路線距離：87.8㎞

薩摩半島の東岸を巡る九州最南端部の路線。全区間が昭和期に入ってから開業した。最初に西鹿児島～五位野間が指宿線として開業した。その後、温泉地指宿の隣町である山川まで達したところで延伸事業は中断。枕崎までの路線が開業したのは1960年代だった。指宿～枕崎間は指宿線の建設と同時期に計画されて建設、運営に関わる新会社として鹿児島南海鉄道が設立された。同社は第２次世界大戦前に計画区間の鉄道敷設免許を取得した。しかし資金難等から建設工事は実現しなかった。

鹿児島中央より南へ延びる線路は錦江湾の臨海部近くに続く。瀬々串付近では海の向うには噴煙を燻らす桜島がそびえる。喜入を経て東側の車窓に海岸線が続く中、宮ヶ浜から若干内陸部へ入ると砂蒸し風呂で知られる指宿に至る。これより先は薩摩半島の南端部を横断。短いホーム１面の小駅西大山はJR線最南端の駅だ。西方には三角形の稜線が印象的な開聞岳を望む。畑地の中を進み入野付近から岩礁地帯が続く海岸部の高台を通って終点枕崎に到着する。

鹿児島中央～指宿間に特急「指宿のたまて箱」３往復。鹿児島、鹿児島中央～指宿、山川間に快速「なのはな」下り列車４本、上り列車３本を運転する。「指宿のたまて箱」には専用塗装が目を惹くキハ47と140。「なのはな」にはキハ200系が充当される。普通列車は全区間を通して運転する列車が３往復ある他は指宿、山川で運用系等が分かれる。鹿児島中央から喜入までは１時間に２～４往復。喜入～指宿、山川間は１往復ほどの運転である。また普通列車１往復が一駅間の駅指宿～山川間に設定されている。同区間内には鹿児島中央～慈眼寺、五位野間にも区間列車がある。指宿～枕崎間は閑散区間だ。同区間を通して運転する列車は１日６往復。他に指宿～西頴娃間１往復と西頴娃から山川行きの列車１本がある。

C12を先頭にして上り貨物列車がやって来た。眼下に広がる海は鹿児島湾。喜入方の海岸部に並ぶタンクは石油備蓄施設だ。原油の低価格化と安定供給を目的として1969（昭和44）年に日本初の施設として創業を開始した。蒸気機関車との対比が高度経済成長期の時代を物語る。◎指宿枕崎線　中名～瀬々串　1972（昭和47）年12月17日

指宿枕崎線の貨物列車は西鹿児島から山川までの運転だった。1973(昭和48)年3月まで鹿児島機関区所属のC12が牽引した。蒸気機関車の末期になると路線内の貨物取扱い駅は終点の山川のみとなっていた。 ◎指宿枕崎線　山川　1972(昭和47)年12月17日

鹿児島市の市街地南部を流れる永田川を渡るC12牽引の貨物列車。現在、川の周辺は高架化されて1970年代当時とは様子が大きく変わっている。鉄道橋は高架の延長部であるかのようなコンクリート製となり、北側には道路橋が並んでいる。
◎指宿枕崎線　谷山～南鹿児島　1972(昭和47)年12月17日

枕崎へ向かう普通列車。キハ25に挟まれたキハ58はまだ冷房化されていない。終点間近だが岩戸山の麓に草木で埋まり荒涼とした装いだ。画面奥には山頂付近を雲で隠した開聞岳が浮かぶ。◎指宿枕崎線　枕崎～薩摩板敷　1980(昭和55)年8月28日

鹿児島市近郊の海辺では指宿枕崎線と国道226号線が並行する。鉄道は山側の道路よりも高い築堤上を走る。列車はキハ47の2両編成。塗装はクリーム地に青い帯を巻いたJR九州の一般形気動車色である。◎指宿枕崎線　平川～瀬々串　1989(平成元)年10月31日

国道226号線と並行して鹿児島湾岸を走る4両編成の普通列車。準急用気動車として登場したキハ55や急行用のキハ58を主体に編成されている。沿線の畑では特産物のサツマイモが栽培されていた。◎指宿枕崎線　前之浜〜喜入　1980(昭和55)年8月28日

最南端の小駅に気動車が停車した。ホーム端の標柱には緯度と共に「日本最南端の駅」と記されている。西大山は1960(昭和35)年の開業以来、沖縄で沖縄都市モノレール(ゆいレール)が2003(平成15)年に開業するまで文字通り日本の鉄道で最南端の駅だった。
◎指宿枕崎線　西大山　1980(昭和55)年8月28日

1-14 湯前線（現・くま川鉄道湯前線）

人吉盆地の奥座敷を行く

路線DATA

起点：人吉温泉
終点：湯前
開業：1924（大正13）年3月30日
第三セクター転換：1989（平成元）年10月1日
路線距離：24.8㎞

人吉盆地を横断する閑散路線。大正期に全区間が一斉に開業した。当初の途中駅は肥後西村、一武、免田、多良木の４つだったが、昭和期に入って新駅が追加されて1960年代までに５つが新規開業した。旧国鉄期より急行「くまがわ」が普通列車として乗り入れていたが利用者数は低調を続け、旧国鉄の民営化直前に第三次特定交通線として廃止が承認された。民営化時にJR九州へ引き継がれた後、第三セクター会社くま川鉄道へ転換された。

人吉から球磨川の上流部を東へ進む。沿線は日本三大急流の一つに数えられる大河から分かれた支流、用水路が血管のように広がる肥沃な穀倉地帯だ。牧良山がそびえる盆地の東端部に終点湯前がある。

列車は全て各駅停車で路線内を往復する運用。おおむね１～２時間に１往復の運転である。気動車単行の列車はワンマン運転で、２両編成以上の列車には車掌が乗車する。土曜休日等には特別仕様の車両を用いた観光列車「田園シンフォニー」下り１本を運転する。

湯前線は肥薩線から分かれる支線の中で最後まで蒸気機関車を運転していた路線の一つだった。全盛期には各地で姿を見ることができた8620は当路線が最後の活躍の場となった。人吉機関区には1975（昭和50）年まで2両のハチロクが配置されていた。
◎湯前線　免田～木上　1972（昭和47）年4月21日

立野～長陽間の深い谷を過ぎると車窓には田畑が広がる農村風景が続く。標高の高く周囲を山に囲まれ沿線に春の訪れは遅い。芽吹きにはまだ程遠い表情を見せる山を遠くに望む中で、咲き誇る菜の花だけが春の到来を告げていた。
◎高森線　高森～阿蘇白川　1981(昭和56)4月12日

湯前や免田等、沿線住民にとっての生活路線である湯前線。旧国鉄期には朝夕の通勤通学時間帯に長編成の列車が運転されていた。人吉から肥薩線経由で八代、熊本へ直通する列車も設定されていた。◎湯前線　肥後西村～一武　1980(昭和55)年8月31日

遠くで汽笛が響き、枯れ草を掻き分けるように人吉方面へ向かう貨物列車がやって来た。牽引機は58654号機。人吉機関区に蒸気機関車の終焉時まで在籍した2両の8620形のうちの1両だ。現在はJR九州の動態保存機として快速「SL人吉」等の先頭に立つ。
◎湯前線　免田〜木上　1972(昭和47)年12月15日

大正生まれの旅客用機関車8620が二軸貨車を牽引して免田川に差し掛かる。人吉からの下り列車は機関車逆機で運転。上り列車が正面向きで運転していた。貨物列車の終点であった湯前、多良木に方向転換用の転車台は設置されていなかった。
◎湯前線　木上～免田　1972(昭和47)年1月21日

終点湯前に一番列車がやって来た。折り返し運転となる上り一番列車は6時34分発。次の列車は8時台までないので通学生は乗り損ねる訳にはいかない。ホームでは大勢の学生が白線の内側まで下がり、行儀良く列車の到着を待っていた。
◎湯前線　湯前　1973(昭和48)年11月19日

終点駅湯前の構内。貨物側線の周辺は草生した様子だ。当駅での貨物営業は1974（昭和49）年に廃止された。訪問時、貨物の積み下ろし等に使われた上屋の下には通学生の自転車が数多く並んでいた。貨物がなくなる1年前の光景である。◎湯前線　湯前　1973（昭和48）年11月19日

ちくほうほんせん

1-15 筑豊本線

北九州運炭路線の主軸として建設

路線DATA

起点：若松
終点：原田
開業：1891（明治24）年8月30日
全通：1929（昭和4）年12月7日
路線距離：66.1㎞

飯塚、直方周辺に点在する炭鉱から産出される石炭を、積出港があった若松へ運ぶ目的で建設された筑豊本線。石炭産業が盛んになっていった明治期に、私鉄の筑豊興行鉄道（後の筑豊鉄道）が若松～直方間を開業した。飯塚～臼井間を延伸開業した２年後に、筑豊鉄道は九州内で鉄道網を拡大していた九州鉄道と合併。新会社は遠賀川に沿って大隈まで路線を延伸した。一方、飯塚から南西方向へ延びる別路線が飯塚～長尾（現・桂川）間に長尾線として建設された。鉄道国有法の施行で1907（明治40）年に九州鉄道の路線は国有化。当時の筑豊本線と合わせて鹿児島本線の短絡路という性格を帯びるはずであった長尾線の延伸は、急峻な冷水峠を前に進まず、現在の経路である筑前内野～原田間が開業したのは元号が昭和となってからだった。同区間の開業で若松～飯塚～原田間が筑豊本線となり、飯塚～上山田間は上山田線となった。

貨物列車が頻繁に往来していた区間では早くから複線化が進められた。中間～直方間はさらに1線が足された3線形状だった。また折尾駅付近には鹿児島本線との連絡線がある。若松～桂川間は電化されており、桂川～原田間は単線の非電化区間である。

現在、当路線を走る優等列車は直方～博多間を結ぶ特急「かいおう」。列車の設定時に活躍していた直方出身の大相撲力士「魁皇博之」に因んだ列車名としては異色の存在である。

なお、旧国鉄期には本州と鳥栖以遠を結ぶ優等列車が鹿児島本線の短絡線として乗り入れていたが、1980年代の寝台特急「あかつき」以降に当路線を利用する列車は途絶えた。

普通列車は電化区間で折尾より鹿児島本線へ乗り入れる便を含めた列車が813系等の電車。若松～折尾間を含む区間で運転される列車には蓄電池を搭載したBEC819系が使用される。

港湾部に隣接する筑豊本線の起点若松を発車したD51牽引の貨物列車。石炭の積み出しを主な目的として建設された若松区臨海部の鉄道だったが、石炭産業が斜陽化してからは行き交う貨物列車は減少し一般貨物が目立つようになった。
◎筑豊本線　若松～藤の木　1972（昭和47）年12月６日

北九州市の若松区と戸畑区の間に架かる若土大橋を望み、9600牽引の客車列車が若松駅を発車して行った。当駅が貨物を船舶に受け渡す拠点であった歴史を物語るかのように画面左手にはたくさんの貨車が留め置かれた広大な操車場。背の高い構内等が見える。
◎筑豊本線　若松　1973（昭和48）年12月3日

ホームではたくさんの乗客が列車の到着を待っていた。新飯塚駅は飯塚市内の北に位置する。近隣に市役所や病院等が集まり市の中心部となっている。当駅からは後藤寺（現・田川後藤寺）へ延びる後藤寺線が分岐する。ホームの屋上には乗換案内の表示板が吊るされている。◎筑豊本線　新飯塚　1982（昭和57）年10月３日

近郊型に通勤型、急行型と雑多な形式の気動車を連ねた列車がやって来た。非電化時代の筑豊本線では、日中に運転する列車を中心に気動車化が進められた。昭和末期には急行列車の廃止で余剰となったキハ58等が普通列車の編成に組み込まれるようになった。
◎筑豊本線　新飯塚　1984（昭和59）年３月

昭和50年代に入ると、旧型客車は新製の50系に置き換えられていった。車体の色からレッドトレインと呼ばれた車両だ。牽引するディーゼル機関車の塗色と合わせて、文字通り真っ赤な列車が地味な雰囲気を漂わせていた客車列車の印象を刷新した。
◎筑豊本線　勝野　1981（昭和59）年3月

冷水峠を越えるDD51牽引の50系客車。草木を掻き分けるかのように緑に包まれた山間部を走る。急峻な大根地山が道程に立ちはだかり、長らく全通を阻んで来た桂川〜原田間は現在も単線非電化のままである。
◎筑豊本線　筑前内野〜筑前山家　1978（昭和53）年8月24日

1-16 伊田線（現・平成筑豊鉄道伊田線）

筑豊の主要都市を結ぶ複線区間

路線DATA

起点：直方

終点：田川伊田

開業：1893（明治26）年2月11日

全通：1899（明治32）年3月25日

第三セクター転換：1989（平成元）年10月1日

路線距離：16.1km

北九州地区の工業地帯に接する港である若松、戸畑への石炭輸送を目的に建設された路線。筑豊興業鉄道が後に筑豊本線となる区間の支線として建設した。当初は直方～金田間で開業。九州鉄道と合併した後、田川線を建設した豊州鉄道が伊田までの区間を延伸開業した。明治期に複線化が促進され現在も全区間が複線である。石炭輸送華やかりし頃には中泉、赤池、金田の各駅より貨物支線が延びていた。現在では全て廃線となり、沿線で炭鉱の面影を探すことは難しくなりつつある。

1987（昭和62）年に第３次特定交通線として廃止が承認された。民営化後はJR九州、JR貨物が継承。1989（平成元）年10月１日に第三セクター会社の平成筑豊鉄道へ転換された。転換後も筑豊本線経由で鹿児島本線外浜（貨）へ向かうセメント輸送の専用貨物列車が金田～直方に運転されていた。しかし、荷主であった三井鉱山がセメント事業から撤退し、2004（平成16）年に貨物列車は廃止された。

路線は彦山川周辺に開けた市街地、田園部が広がる平野部の中を横切る。ゆったりとした広さを取られた敷地に複線の線路が続く。

日中には１時間当たり２往復の列車が運転される。１本は直方と田川線行橋までの間を直通運転する。もう１本は金田から糸田線へ入り田川後藤寺までを結ぶ。朝晩等には直方～金田間や伊田線のみの区間を運転する列車がある。

溜池が点在する彦山川沿いの平坦区間を行く9600牽引の貨物列車。連なる石炭車の前にはセメント運搬用のホッパ車。二軸の有蓋車を連結している。北九州地区では石炭産業が廃れた後に余剰となった石炭車の一部を石灰輸送に転用していた。
◎伊田線　中泉～赤池　1972(昭和47)年4月9日

直方郊外の遠賀川に架かる伊田線の橋梁。下り線は1843(明治26)年、上り線は1909(明治42)年に架橋された。トラス部分には嘉麻川と表記されている。明治期の地図に記載があったとされる川の旧名だろうか。◎伊田線　直方～中泉　1973(昭和48)年11月29日

彦山川と合流する手前で中元寺川を渡る9600牽引の石灰運搬列車。機関車は除煙板を装備している。後に続くホッパ車は開閉部等が石灰で白く汚れている。同路線で見ることができた石炭車と対照的な姿である。◎伊田線　金田～赤池　1972(昭和47)年4月9日

穏やかな遠賀川の水面はトラス橋を映し出す。直方へ向かう石炭列車が微かな煙とともに橋梁へ差し掛かる。続く石炭車は2軸のセラとボギー台車を履くセキが入り混じった編成だった。
◎伊田線　中泉～直方

急曲線を描く複線区間を行く普通列車。キハ58、40、20と雑多な車両で編成されている。1980年代半ばには急行の廃止、快速等への格下げが進んだ。余剰となった急行型気動車が地方路線の普通列車運へ転用された。◎伊田線　直方～中泉　遠賀川　1984(昭和59)年3月

香春岳を望む田川市の北部郊外を行く普通列車。石炭産業全盛期より鉄路の拠点であった直方と伊田(現・田川伊田)を結ぶ伊田線は地域に通勤路線である。1970年代にロングシート仕様のキハ35等が福知山区から直方へ転入してきた。◎伊田線　伊田～糒　1981(昭和56)年12月10日

1-17 糸田線(現・平成筑豊鉄道糸田線)

田川市鉄道三角地帯の一辺

路線DATA

起点：金田
終点：田川後藤寺
開業：1897(明治30)年10月20日
全通：1929(昭和4)年2月1日
第三セクター転換：1989(平成元)年10月1日
路線距離：6.8㎞

豊州鉄道が田川線の支線として建設した後藤寺〜糸田間と、金宮鉄道が建設した金田〜糸田間を統合した貨物線の性格が強かった路線。金田〜糸田間は金宮鉄道、九州産業鉄道、産業セメント鉄道と長らく私鉄の傘下にあった。第2次世界大戦中に買収を受けて国有化された。

金田から伊田方面へ延びる単線の鉄路はしばらく伊田線と並行して西に大きく曲がる。田川市の西側を南北に流れる中元寺川沿いに進み、大藪付近で丘陵地を越えると東側から日田彦山線が寄り添ってきて田川後藤寺に到着する。

列車は1時間に1〜2往復の運転で、金田〜田川後藤寺間の他、金田から伊田線へ乗り入れて直方まで行くものもある。主に単行の400形、500形が充てられる。

田畑の中に延びる直線区間を9600が石灰石輸送の列車を牽引して走る。後ろに続く貨車は北九州で一般的だった2軸の石炭車ではなく、ボギー台車を履いた大柄なホッパ車だ。車体側面に黄色い帯を巻き、常備駅が記載されている。
◎糸田線　糸田〜金田　1972(昭和47)年12月7日

旧国鉄期の製造で近郊型気動車と呼ばれたキハ45。柿の実がまばらに残る初冬の里を行く。背後のボタ山が石炭産業華やかりし頃を偲ばせる。稜線は所々崩れ、炭鉱事業の衰退後も長年に亘って放置されてきた様子を窺うことができる。
◎糸田線　糸田～田川後藤寺　1981(昭和56)年12月10日

香春岳を車窓から仰ぎ、田川市の郊外部を快走するキハ66、キハ67の普通列車。新製時より冷房装置を搭載した一般形車両は車内設備でも転換クロスシートの採用等、筑豊地区で運転する列車の体質改善へ大いに貢献した。車体の塗装は登場時から急行形気動車用のものだった。◎伊田線　伊田～糒　1981(昭和56)年9月

東西南方向に展望が開けた香春岳山系は筑豊地区の各路線から望むことができる。伊田線から2kmほど離れて西方に並行する糸田線からも一、二、三ノ岳と名付けられた3つの峰を遠望できる。一ノ岳は石灰が採取される山頂から山腹にかけて一年中白い面持ちだ。◎糸田線　後藤寺〜糸田　1973（昭和48）年11月29日

筑豊地方南東部の鉄道延伸に伴い、多くの路線、貨物線が接する地域の要所となった田川後藤寺。構内北側は後藤寺線、糸田線、日田彦山線が延びる四叉路の形状になっている。また構内東側には貨車等留め置く多数の留置線がある。
◎糸田線　田川後藤寺　1984(昭和59)年3月

沿線に町民体育館等の公共施設が建ち並び、周囲の宅地化も進んで昔ながらの田園風景が広がる場所は少なくなりつつある糸田線沿線。それでも線路沿いには菜の花が植えられ、開花期には黄色い花が乗客の目を和ませる。
◎平成筑豊鉄道　糸田線　豊前大熊～糸田　1994(平成6)年4月13日

糸田線は中元寺川、県道と並んで糸田町内を通る。線路が濡れる菜種梅雨の中、朱色のキハ23を先頭にして普通列車がやって来た。続く車両は急行形気動車塗装のキハ26。旧国鉄期に全廃された準急形車両である。この写真を撮影した立ち位置付近には松山駅が1997(平成9)年に開業した。◎糸田線　糸田～豊前大熊　1981(昭和56)年4月10日

ごとうじせん

1-18 後藤寺線

私鉄三社の短い鉄道を繋いだ旧国鉄線

路線DATA

起点：新飯塚

終点：田川後藤寺

開業：1897（明治30）年10月20日

全通：1943（昭和18）年7月1日

路線距離：13.3km

豊州鉄道、九州鉄道、九州産業鉄道（後の産業セメント鉄道）の私鉄三社が建設した鉄道を繋いで形成された路線。いずれも明治期から大正期にかけて石炭輸送のために建設された鉄道だった。第2次世界大戦下で産業セメント鉄道が買収、国有化されて漆生線の一部区間と田川線に属していた貨物支線2本を合わせ後藤寺線とした。

新飯塚から遠賀川が拓いた平野部を東進する線路は、石灰石の採掘が続く船尾山麓の丘陵地を抜けて日田彦山線の途中駅でもある田川後藤寺に至る。

列車は日中1時間に1往復の運転。朝新飯塚を発車する田川後藤寺行きは「快速」で路線内の全駅を通過する。夜間には新飯塚始発で添田、田川伊田まで足を延ばす列車がある。

非電化路線の急行列車網拡大に貢献したキハ58は、旧国鉄末期から特急列車への格上げ等で急行が減少傾向になると急行形気動車色のままで普通列車へ転用された。一般形気動車と編成を組むことも少なくなかった。◎後藤寺線　新飯塚　1984（昭和59）年3月

川原を菜の花が彩る中元寺川を普通列車が渡って行った。2両編成を組むキハ58と65はいずれも急行形気動車。車体の塗装はJR九州の一般形気動車職に塗り替えられている。青色の帯には、赤いJRマークがあしらわれている。
◎後藤寺線　田川後藤寺～船尾　1994(平成6)年4月

1-19 久大本線

日田、湯布院と内陸部の盆地を巡る

路線DATA

起点：久留米
終点：大分
開業：1915（大正4）年10月30日
全通：1934（昭和9）年11月15日
路線距離：141.5㎞

沿線に日田、湯布院等の観光地を有し、九州北部を横断する久大本線。大湯鉄道が大正期に大湯線として開業した大分市（後に大分へ統合）～小野屋間が路線の始まりだった。大湯鉄道が国に買収された後、大湯線は分水嶺の水分峠を越えて玖珠川岸の天ヶ瀬まで延伸した。

現在の起点である久留米側からの鉄道建設は時代が昭和となってから始まった。久大線は筑後吉井、夜明、日田と九州の大河筑後川（三隈川）に沿って建設され、1934（昭和9）年に日田～天ヶ瀬間が延伸開業して大湯線と繋がった。同時に大湯線は久大線に編入された。その3年後には久大本線と改称。久留米と大分という九州東西の主要都市を結ぶ幹線の称号を手にした。

久大本線を通る優等列車は「由布」「日田」「はんだ」「ひこさん」等の急行列車が主であった時期が長らく続いた。しかし、民営化を機に観光特急「ゆふいんの森」が博多～大分、別府、湯布院間で運転を始めた。専用車両には個性的ないで立ちのキハ72系が用意された。また、車両数が少ない「ゆふいんの森」を補う列車としてキハ185系による特急「ゆふ」が後に設定された。

現在、全区間を走る普通列車はない。列車の運用は概ね久留米～日田間、日田～湯布院、湯布院～大分間に分かれる。久留米駅始発の下り列車は日田行きの他に筑後吉井、うきは行き等がある。日田～湯布院間は閑散区間だ。朝の列車が運用を終えると上下列車ともに4～5時間も運転間隔が空く。湯布院から大分方面へ向かっては運転本数が増える。しかし、正午を境とした時間帯には運転間隔が約2時間も空く。

久大本線には民営化後も客車列車が1990年代の半ばまで運転されていた。旧国鉄末期になると車両は旧形客車から時の新鋭車両であった50系に置き換えられた。大分運転所（現・大分車両センター）所属のDE10が牽引機を務めた。
◎久大本線　北山田～杉河内　1986（昭和61）年7月

旧国鉄で鉄道による郵便輸送は1986（昭和61）年10月1日まで行われていた。専用の荷物列車は設定されなかった地方路線でも、旅客列車に郵便荷物車、荷物車を連結して輸送を行った。編成2両目の車両はキユニ26。準急形気動車キハ26を改造した車両だ。
◎久大本線　引治　1981（昭和56）年4月11日

博多と温泉地として広く知られる湯布院、別府を結ぶ観光特急「ゆふいんの森」。1989（平成元）年にキハ58、65を改造したキハ71系で運転を始めた。丸みを帯びた展望の利く前面形状や木をふんだんに用いた内装等魅力溢れる車両だ。
◎久大本線　野矢～豊後中村　1994（平成6）年1月15日

水分峠を越えて由布盆地へ躍り出た列車は時計回りに盆地の縁をなぞって進み、大分川の谷筋へ入って行く。温泉旅館等が建つ湯布院の市街地を抜けると列車の背景を釣り鐘のような形をした重厚な表情の由布岳が飾った。キハ40とキハ125は世代を超えて併結できる気動車だ。
◎久大本線　湯布院～南由布　1994（平成６）年１月15日

鹿児島本線の時刻表（1960年3月）

本表は３月10日から実施の時刻です。　門司港→八代(1)　149

代　（下り）（その１）（鹿児島本線）　次頁へつづく→

下り 鹿児島本線（門司港―八代）（その1）

駅名	折尾	熊本	長崎	遠賀川	鹿児島	久留米	天ケ瀬	原田	佐世保	久留米	博多	小倉	鹿児島	博多	別府	原田	鹿児島	博多	博多
列車番号	941	205	5	137	37	131	915	623	39	917	207	845	117	7	707	629	9	951	919
始発	園	京都 20 15	東京 16 05	…	東京 13 00	…	園	…	東京 13 30	園	京都 22 21	滝部 811	2·3	東京 18 30	…	…	東京 19 00	園	下関 1036
門司港	718	‖	‖	751	‖	836	854	9 02	‖	924	‖	‖	1000	‖	大分発 8 40	1024	‖	1036	‖
門司 着	724	7 28	8 03	759	8 34	844	900	9 10	9 15	931	9 46	953	1007	10 28		1032	10 58	1042	1046
門司 発	725	7 34	8 07	810	8 41	845	901	9 12	9 21	933	9 53	957	1013	10 32		1036	11 02	↳	1056
小倉 着	732	7 41	レ	817	8 48	853	908	9 19	9 29	940	10 01	1004	1020	レ	10 56	1043	レ		1103
小倉 発	735	7 44	レ	822	8 50	855	909	9 22	9 32	942	10 03	園	1025	レ	10 59	1045	レ		1110
戸畑	742	レ	レ	830	レ	903	916	9 29	レ	949	10 10	…	1034	レ	11 05	1053	レ		1117
枝光	747	2·3	2·3	836	2·3	2·3	920	9 34	2·3	953	レ	…	1039	2·3	レ	1058	2·3		1122
八幡	753	急行	特急	842	急行	912	925	9 40	急行	958	10 19	…	1052	特急	11 12	1103	特急	…	1127
黒崎	758	レ	(さくら)	847	レ	916	929	9 44	レ	1002	レ	…	1057	(あさかぜ)	レ	1110	(はやぶさ)	…	1131
折尾 着	804	8 08		855	9 11	924	936	‖	9 54	1009	10 29	…	1104		11 20	‖		…	1138
折尾 発	…	8 09		859	9 14	924	936	(筑豊本線経由) 原田 1136	9 55	1010	10 30	…	1109		11 20	(筑豊本線経由) 原田 1305		…	1139
遠賀川	…	レ	レ	904	レ	レ	942		10 03	1015	レ	…	1115		2·3			…	1145
海老津	…	(天草)	レ	…	(霧島)	レ	948		(西海)	1022	2·3	…	1137		準急			…	1152
赤間	…			…		レ	957			1031	急行	…	1148	レ	園		レ	…	1201
東郷	…		AB3	…		レ	1002			1036	(玄海)	…	1155	レ	(第ひかり2)		レ	…	1207
福間	…	レ		西唐津行	レ	951	1010		レ	1043		佐世保行	1204	レ			レ	…	1215
古賀	…	レ	レ		レ	レ	1015		レ	1048			1210					…	1221
新宮	…	レ	レ		レ	レ	1020	…		1054	レ		1216	AB3		…	AB3	…	1227
香椎	…	3	レ			1004	1026	…	C3	1059	3		1223		レ	…		…	1234
箱崎	…		レ		レ	レ	1032	…		1106		407	1231	レ	レ	…	レ	…	1241
吉塚	…	レ	レ	441	レ	1013	1035	…	レ	1108	レ	準急	1235	レ	レ	…	レ	…	1244
博多 着	…	8 54	9 15	園	9 58	1017	1038	…	10 44	1111	11 15	園	1238	11 40	11 58	…	12 08	…	1247
博多 発	…	9 00	9 20	926	10 10	1019	1041	…	10 52	1120	…	1203	1246	…	12 20	…	12 18	…	園
竹下	…	レ	レ	931	レ	レ	レ	…	レ	1125	…	(弓張)	1251	…	レ	…	レ	…	…
雑餉隈	…	レ	レ	936		レ	レ	…	レ	1130	…		1257	…	レ	…	レ	…	…
水城	…	レ	レ	942	C3	レ	レ	…	レ	1136	…		1303	…	レ	…	レ	…	…
二日市	…	レ	レ	949		1034	1056	…	レ	1141	…	1218	1310	…	レ	…	レ	…	…
原田	…	レ	レ	955	東京博多間	レ	レ	…	レ	1148	…	1224	1318	…	レ	…	レ	…	…
基山	…	レ	レ	1001		レ	1106	…	レ	1153	…	レ	1323	…	レ	…	レ	…	…
田代	…	レ	レ	1006		レ	レ	…	レ	1158	黒木行 園	レ	1329	…	レ	…	レ	…	…
鳥栖 着	…	9 28	レ	1009	10 38	1049	1112	…	11 21	1201		1234	1332	…	12 24	…	レ	…	823
鳥栖 発	…	9 35	レ	1012	10 44	1051	1113	…	11 28	1203		1235	1341	…	12 24	…	レ	…	1302
旭	…	レ	長崎 1210	西唐津 12 05	レ	レ	レ	…	佐世保 13 23	1208		佐世保 14 29	1348	…	レ	…	レ	…	1306
久留米 着	…	9 44			10 52	1100	1121	…		1214	821		1353	…	12 32	…	12 50	…	1311
久留米 発	…	9 46	…		10 54	…	1122	…		…	12 09		1357	…	12 33	…	12 51	…	1312
荒木	…	レ	…	…	レ	…	天ケ瀬 1251	…	…	…	12 15	…	1404	…	レ	…	レ	…	1319
西牟田	…	レ	…	…	レ	…		…	…	…	12 20	…	1410	…	レ	…	レ	…	1326
羽犬塚	…	9 59	…	…	レ	…		…	…	…	12 27	…	1416	…	レ	…	レ	…	1348
船小屋	…	レ	…	…	レ	…	…	…	…	…	黒木着 13 06	…	1422	…	レ	…	レ	…	黒木着 14 26
瀬高	…	10 09	…	…	レ	…	…	…	…	…		…	1428	…	レ	…	レ	…	
南瀬高	…	レ	…	…	レ	…	…	…	…	…		…	1432	…	レ	…	レ	…	
渡瀬	…	レ	…	…	レ	…	…	…	…	…	…	…	1438	…	レ	…	レ	…	園
銀水	…	レ	…	…	レ	…	…	…	…	…	…	…	1445	…	レ	…	レ	…	…
大牟田 着	…	10 25	…	…	11 26	…	…	…	…	…	…	…	1449	…	13 04	…	13 22	…	…
大牟田 発	…	10 27	…	…	11 27	…	…	…	…	…	…	…	1453	…	13 04	…	13 23	…	…
荒尾	…	レ	…	…	レ	…	…	…	…	…	…	…	1503	…	レ	三角行	レ	…	…
南荒尾	…	レ	…	…	レ	…	…	…	…	…	…	…	1508	…	レ		レ	…	…
長洲	…	レ	…	…	レ	…	…	…	…	…	…	…	1515	…	レ		レ	…	…
大野下	…	レ	…	…	レ	…	…	…	…	…	…	…	1521	(豊肥本線経由・熊本別府間)	レ	525	レ	…	…
玉名	…	10 50	…	…	レ	…	…	…	…	…	…	…	1530		13 23	1636	レ	…	…
伊倉	…	レ	…	…	レ	…	…	…	…	…	…	…	1540		レ	1642	レ	…	…
木葉	…	レ	…	…	レ	…	…	…	…	…	人吉行 園	…	1546		レ	1648	レ	…	…
植木	…	レ	…	…	レ	…	…	宮崎行	…	…		…	1601		レ	1702	レ	八代行	…
西里	…	レ	…	…	レ	…	…		…	…		…	レ		レ	1711	レ		…
上熊本	…	11 22	…	…	レ	…	…		…	…		…	1612		レ	1717	レ		…
熊本 着	…	11 28	…	…	12 20	…	…	607	…	…	621	…	1617		13 51	1722	14 12	945	…
熊本 発	…	…	…	…	12 28	…	…	12 55	…	…	15 00	…	1636	準急	13 56	1734	14 16	1716	…
川尻	…	…	…	…	レ	…	…	準急	…	…	15 07	…	1644	709	別府着 17 14	1740	レ	1726	…
宇土	…	…	…	…	レ	…	…	園	…	…	15 13	…	1652	└		1751	レ	1735	…
松橋	…	…	…	…	レ	…	…	(えびの)	…	…	15 20	…	1659			三角 1825	レ	1746	…
小川	…	…	…	…	レ	…	…		…	…	15 28	…	1709	…	…		レ	1754	…
有佐	…	…	…	…	レ	…	…		…	…	15 34	…	1718	…	…	…	レ	1810	…
千丁	…	…	…	…	レ	…	…		…	…	15 40	…	1733	…	…	…	レ	1815	…
八代	…	…	…	…	13 02	…	…	13 28	…	…	15 46	…	1740	…	…	…	14 49	1822	…
終着	…	…	…	…	16 41	…	…	17 25	…	…	17 26	…	2249	…	…	…	17 50	…	…

特殊弁当：折尾駅・博多駅・原田駅・鳥栖駅かしわめし（八〇円）博多駅うなぎ飯（一五〇円）鳥栖駅しゅうまい（一〇〇円）

難読駅：雑餉隈（ざっしょのくま）水城（みずき）原田（はるだ）松橋（まつばせ）

筑肥線162頁．甘木線146頁．長崎本線168頁．佐賀線147頁．久大本線162頁．矢部線146頁．豊肥本線165頁．三角線147頁．肥薩線・吉都線160頁

長距離寝台列車が数多く設定されていた時代の鹿児島本線下り列車時刻表。九州内では昼間が走行時間帯となっていた列車が多く、車内サービスの一つとして食堂車を連結していた。（1960年３月１日訂補）

2章

長崎本線と沿線

日の入り時刻は遅い西九州だが、晩秋ともなれば午後３時を回ると高い建物や道路が容赦なく線路に影を落としてくる。赤味を帯びた日溜まりにやって来たのは715系。特急「みどり」にも使用実績があった寝台特急581系からの改造車は短命に終わった。
◎佐世保線　三間坂～上有田　1986（昭和61）年11月

2-1 長崎本線

有明海を車窓に観て異国情緒漂う長崎へ

路線DATA

起点：鳥栖

終点：長崎

開業：1891（明治24）年8月20日

全通：1905（明治38）年4月5日（大村経由）
　　　1934（昭和9）年12月1日（現在の経路）

路線距離：125.3㎞（鳥栖～市布～長崎）
　　　　　23.5㎞（喜々津～長与～浦上）

鹿児島本線をはじめ、4つの本線が異なる方向に延びる北九州の南西部。鳥栖はその中心部にある鉄道網の要だ。長崎本線は鳥栖駅を起点として九州本土から延びる半島部分を西進し、長崎半島の付け根に位置する長崎へ至る鉄路である。九州鉄道佐賀線を祖とする路線は当初、現在の佐世保線、大村線の経路で建設された。路線の国有化後、昭和期に入って有明海沿いの有明（有明東）線、有明西線の建設が進み、肥前山口～諫早間が結ばれると同区間が長崎本線に編入された。同時に肥前山口～早岐間は佐世保線。早岐～諫早間は大村線となった。1970年代には喜々津～市布～浦上間を長大トンネルで貫く短絡路が完成して現在の線形がかたちづくられた。なお、新線の開業後も長与を経由する旧線は存続した。運転される列車は少なくなったが、波静かな大村湾の眺めを今日も車窓から楽しむことができる。

当路線主力の特急列車である「かもめ」は吉塚、博多～佐賀、肥前鹿島、長崎間の運転。博多～長崎間には平日24往復の定期列車が設定されている。「鷗（かもめ）」は第2次世界大戦前に東京～神戸間に運転された特急に端を発し、後に京都～九州間の特急に用いられた港町長崎に相応しい列車名だ。また、鳥栖～肥前山口間では佐世保へ向かう特急「みどり」。博多と大村線沿線の観光地ハウステンボスを結ぶ特急「ハウステンボス」が走る。

普通列車に目を向けると地方路線寄りの性格を見て取れる。肥前大浦～諫早間では、運転間隔が数時間空くことも。佐賀は県庁所在地であり地域の拠点だが、長崎本線に運転される普通列車は日中1時間当たり2往復程度である。同じく県庁所在地の長崎には、新線と旧線それぞれに1時間に1～2往復の普通列車が発着する。さらに大村線へ向かう快速「シーサイドライナー」が長崎～浦上間へ乗り入れる。

485系で本線を運転できる最小単位となる4両編成で長崎本線を行く特急「みどり」。1976（昭和51）年7月1日の長崎本線・佐世保線電化時に、博多・小倉～佐世保間の特急として設定された。当初は全列車が博多～肥前山口間で特急「かもめ」と併結運転を行ったが1986（昭和61）年11月1日より全車が単独運転となった。◎長崎本線　神崎～伊賀屋　1986（昭和61）年11月

旧国鉄期から民営化時にかけて九州内の都市圏近郊電車に付けられた列車名「タウンシャトル」。クハ715は幕表示の上に台形を逆さに置いた形のヘッドマークを掲出している。同車両は外観から察せられる通り寝台特急用電車クハネ581からの改造車だ。
◎長崎本線　神崎　1992（平成４）年10月14日

高架ホームの佐賀駅でJR第一世代の特急用車両783系と普通列車に使用される元寝台特急用電車の715系が出会った。民営化後のJR路線では、車両の世代交代へ加速度をつけるかのように新たな新系列車が次々と登場した。◎長崎本線　佐賀　1992（平成４）年10月14日

東京～長崎、佐世保を結んでいた寝台特急「さくら」。伝統の長距離列車は寝台列車の運行見直しの影響を受け1999（平成11）年より東京～熊本間の運転になっていた寝台特急「はやぶさ」と東京～鳥栖間で併結運転となった。機関車の運用上、ヘッドマークを掲出しない日が生じた。◎長崎本線　肥前鹿島～肥前竜王　2004（平成16）年４月10日

自然振り子台車を備える885系は2000（平成12）年の登場。最初に特急「かもめ」へ投入された。当初運転席下を彩る線は黄色だった。車体の白。所々に色差しされた黒と相まって鳥の「かもめ」を連想させるいで立ちに仕上がっていた。
◎長崎本線　肥前鹿島～肥前竜王　1992（平成４）年４月19日

長崎本線の特急となった「かもめ」には783系、885系と民営化以降新型車両が投入されてきた。しかし九州新幹線が博多〜新八代間で延伸開業すると、在来線の特急「リレーつばめ」等で使用されていた787系に余剰が生じ一部車両を「かもめ」に転用した。
◎長崎本線　肥前大浦〜小長井　1994（平成６）年４月７日

波瀬ノ浦に架かる橋梁を渡る特急「かもめ」。長崎本線では1976（昭和51）年７月１日の全線電化開業を機に７往復の特急列車を設定。山陽新幹線の博多開業時に廃止された九州ゆかりの列車名「かもめ」が復活を遂げた。
◎長崎本線　多良～里（信）　1986（昭和61）年８月３日

有明海沿岸の駅を普通列車が発車した。寝台特急用電車を普通座席車に改造した715系。先頭の制御車は中間車に運転台を増設した車両である。特急「かもめ」が1時間に2往復ほどの頻度で行き交う長崎本線だが、有明海沿岸の区間で運転される普通列車の数は多くない。◎長崎本線　小長井

京都、新大阪～長崎、佐世保を結んでいた寝台特急「あかつき」。民営化後の1990（平成２）年より、座席を独立３列シート化したオハ14 300番台車「レガートシート車」を長崎発着編成に組み込んだ。台頭著しい夜行バスへの対抗策だった。
◎長崎本線　肥前長田～小江　2004（平成16）年４月８日

大根の花が咲く線路周辺は春爛漫の風情。タウンシャトルのヘッドマークを掲げた715系が中間車改造の制御車を先頭にして軽やかに駆けて行った。当初緑色だった車体の帯は青くなり、気動車等と同じJR九州の一般形車塗装になっていた。
◎長崎本線　肥前長田・小江　1994(平成6)年4月8日

長崎本線の終点長崎。ホームからは長崎客貨車区(現・長崎車両センター)の留置線に停まる車両を見ることができた。1970年代には旧型客車に混じって寝台特急「さくら」「あかつき」用の客車が次の仕業に備えて整備されていた。個性的な姿の20系客車は存在感がある。
◎長崎本線　長崎　1973(昭和48)11月17日

からつせん

2-2 唐津線

佐賀県の中央部を縦断

路線DATA

起点：久保田

終点：西唐津

開業：1898（明治31）年12月1日

全通：1903（明治36）年12月14日

路線距離：42.5km

有明海に面した佐賀市から玄界灘を眺望する唐津市まで佐賀県下を縦断する路線。県下北西部に広がっていた唐津炭田から産出される石炭を唐津港へ運ぶ目的で建設された。明治期に唐津興業鉄道（後の唐津鉄道）が山本～妙見（現・西唐津）～莇原（現・多久）を建設。唐津鉄道を吸収合併した九州鉄道が久保田～莇原間を延伸開業して全通をみた。九州鉄道は国有化され現行区間と4か所の貨物支線が唐津線となった。沿線には炭鉱等へ続く貨物支線が点在した。しかし、それらは1960年代から80年代にかけて全て廃止された。国有化後に建設された岸嶽支線、山本～岸嶽間は1971（昭和46）年の廃止。

久保田で長崎本線から北西方へ分かれた線路は、多久市と唐津市の境界付近で築堤が続く上り勾配区間へ入る。多久～厳木間の笹原トンネルは複線の断面形状。唐津市内へ入って厳木川、松浦川沿いに進むと沿線は開けた街景色に変貌していく。

普通列車のみの運転で全列車が長崎本線の佐賀を始発終点とする。唐津、西唐津行きが主体で、夕刻夜間には佐賀～多久間に区間列車がある。車両は旧国鉄型のキハ47が主力。通勤通学時間帯の増結用等に黄色い車体のキハ125も使用される。

線路近くの丘に上がると多久の街中から立ち昇った煙がゆっくりとこちらへ動いて来る様子を飽きることなく見られた。牽引する貨車の数はそれほど多くないものの、9600は小振りな動輪を懸命に回転させて18パーミルの勾配に挑んでいた。
◎唐津線　多久～厳木　1972（昭和47）年4月10日

唐津線には1973(昭和48)年まで蒸気機関車が運転されていた。機関車は唐津機関区に所属する9600。これら小倉工場で検査を受ける車両の中には切取り式の除煙板を装備したものがあった。工場が旧門司鉄道管理局内にあったことから、この種の除煙板は「門デフ」の通称で呼ばれた。◎唐津線　相知～岩屋　1972(昭和47)年12月10日

松浦川は佐賀県北部を流れる主要河川だ。唐津市内を通り唐津湾へ注ぐ。唐津線の沿線では本牟田部辺りまで広い川幅でゆったりとした流れをつくる。鉄道が建設される以前は石炭等を船に載せて川を下り唐津港まで運んでいた。鬼塚駅は川の西岸にある。
◎唐津線　鬼塚　1972(昭和47)年12月10日

唐津線の旅客列車は1970年代に入るとほとんど気動車で運転していた。しかし、朝の通勤通学時間帯には客車を使用する列車が僅かに残っていた。牽引機が蒸気機関車からディーゼル機関車へ世代交代した後も1980年代まで1往復が運転された。
◎唐津線　相知～本牟田部　1972(昭和47)年12月9日

トンネルから薄い煙が漂い出しキハ40が顔を覗かせた。くっきりとした色合いの車体は検査出場から間もないことを窺わせる。2000番台車は扉付近に客室部分と間仕切るデッキを持たない暖地向けの車両である。◎唐津線　多久～厳木　1980(昭和55)年9月2日

唐津線の下り列車は多くが終点西唐津まで運転する。佐賀始発のほか多久始発の列車もある。昼間は2両編成の気動車がのんびりと行き交う様子を見ることができる。峠を上るキハ40とキハ47はいずれもJR九州の一般形気動車色だ。
◎唐津線　多久～厳木　1998(平成10)年8月

厳木から笹原峠へ向かう上り列車は線路へ絡みつく様に流れる厳木川を短い橋梁で渡る。寒気の中、9600が盛大に白煙を上げながら貨物列車を牽引して来た。初冬を迎えた周囲の山は一部が未だ紅葉に包まれていた。◎唐津線　厳木～多久　1972(昭和47)年12月10日

三日月町(現・小城市)内の平坦部を走る気動車列車。背景には彦岳等佐賀市と唐津方面を隔てる稜線を遠望できる。キハ35等1960年代製の通勤形気動車は冷房装置を搭載していない。強い日差しの下で客室窓はそこかしこが全開となっていた。
◎唐津線　小城～久保田　1980(昭和55)年9月2日

松浦川に注ぐ徳須恵川を渡る貨物列車。1970年代に入ると唐津線沿線の炭鉱は閉山していったが、佐賀県下主要都市の物流を担っていた同路線では数往復の貨物列車を運転していた。夕焼けの中に汽車の影法師が浮かび上がった。
◎唐津線　山本～鬼塚　1972(昭和47)年12月10日

佐賀県は人気ブランドを抱える温州ミカンをはじめとした柑橘類の産地である。唐津線の沿線でも築堤の下に開けた日当たりの良い場所に果樹園が続いていた。冬の優しい日差しを浴びてたくさんの実が頭上を行く機関車同様に輝いていた。◎唐津線　相知～岩屋　1972(昭和47)年12月10日

筑肥線肥前久保駅の東方を流れる徳須恵川には唐津線の橋梁が架かる。この付近より唐津線は松浦川沿いに。筑肥線は徳須恵川沿いに進路を取って離れる。1980年代まで唐津線には長崎本線佐賀と西唐津の間に貨物列車があり、蒸気機関車が現役の時代には9600が牽引した。◎唐津線　相知～本牟田部　1972(昭和47)年12月9日

唐津線はキハ125を最初に使用した路線の一つだ。同車は新潟鐵工所が地方路線、鉄道向けに製造した「NDCシリーズ」に属する車両で1993(平成5)年の製造。旧国鉄形車両の置き換えとワンマン運転導入のために投入された。◎唐津線　鬼塚～山本　2004(平成16)年4月17日

トンネルへ向かう路は未だ上り勾配だ。9600が煙を伴って笹原トンネルへ入って行った。レンガ積みのポータルを備えるトンネルは1899(明治32)年に開通。後の複線化を想定して建設されたために単線路線でありながら横長の断面形状になっている。
◎唐津線　多久～厳木　1971(昭和46)年11月12日

させぼせん

2-3 佐世保線

いにしえの長崎本線を辿る

路線DATA

起点：肥前山口

終点：佐世保

開業：1895（明治28）年5月5日

全通：1898（明治31）年1月20日（早岐～佐世保間開業）

路線距離：48.8㎞

長崎本線肥前山口と長崎県北西端部に位置する港町佐世保を結ぶ。明治期に九州鉄道が建設した路線である。そのうち肥前山口～早岐間は鳥栖と長崎を結ぶ長崎線の一部だった。九州鉄道が国有化された後に鳥栖～早岐間が長崎本線、早岐～佐世保間を佐世保線と制定した。昭和期に入って肥前山口、諫早の両側から建設が始められた有明海沿岸経由の有明東線、西線が1934（昭和９）年に繋がり長崎本線に編入された。同時に肥前山口～早岐間は佐世保線へ編入された。

路線は武雄温泉、陶芸品の有田焼で知られる有田を経由して佐賀県、長崎県の内陸部を横切る。

優等列車は博多～佐世保間の特急「みどり」、博多と大村線ハウステンボスを結ぶ特急「ハウステンボス」が乗り入れる。２本の特急には博多～早岐間で併結運転されるものがある。また寝台列車の全盛期には特急「さくら」「あかつき」、急行「西海」の佐世保行き編成が入線していた。

普通列車の運用はおおむね肥前山口～早岐間と早岐～佐世保間に分かれる。早岐を始発終点とする列車が主で日中１～２時間に１往復の運転だ。朝晩には肥前山口～佐世保間を通して運転する列車が設定されている。それらのうち、肥前山口発２本は当路線の初電と終電である。早岐～佐世保間の区間列車は朝夕を除き電車での運転はほとんどない。その代わり大村線から乗り入れる佐世保発着の列車が１時間に１～２本の頻度で乗り入れる。快速「シーサイドライナー」を含めこちらは気動車が使用されている。

車体の線と同じ赤2号で塗装された連結器カバーを装着した姿が端整なクロ481を先頭にした特急「みどり」。1978（昭和53）年以降、各特急列車のヘッドサインが絵入りのものに変更されていったが、ボンネット形クロに絵入りの「みどり」サインが用意されたのは1985（昭和60）年だった。◎佐世保線　北方　1984（昭和59）年3月

佐世保線は起点である肥前山口の構内西側より長崎本線と短い距離を並行する。周囲は国道34号線等の幹線道路が通るものの現在も長閑な田園地帯である。寝台特急用電車581系を一般車に改造した715系が登場した1980年代の半ばには沿線に茅葺屋根の家屋を見ることができた。◎佐世保線　大町～肥前山口　1986(昭和61)年11月

博多～佐世保間は150kmほどの距離。朝佐世保を出て肥前山口で長崎本線の列車と併結し、博多まで通しで運転する列車が数本設定されていた。赤2号の地にクリーム4号の塗り分け部分をあしらった塗装は旧国鉄期の近郊形交流電車で見られたいで立ちだ。
◎佐世保線　北方　1984(昭和59)年3月

全盛期に3往復の設定があった寝台特急「あかつき」は、1980年代の半ばには新大阪～長崎、佐世保間と佐世保単独便で2往復の運転となっていた。筑豊本線経由の「あかつき3号」は通勤電車と肩を並べる午前7～8時台に佐世保線を走った。DD51がヘッドマークを掲げて先頭に立つ。◎佐世保線　北方　1984(昭和59)年3月

菜の花とダイコンの花が春を彩る三河内付近を行く485系は特急「みどり」と「ハウステンボス」の併結列車。編成前部の赤い4両編成が「みどり」で後方の多彩な塗分けを施された編成が「ハウステンボス」だ。下り列車は早岐で切り離され「ハウステンボス」は大村線へ入る。◎佐世保線　早岐～三河内　1994(平成6)年4月7日

特急「みどり」「ハウステンボス」は2000(平成12)年3月より783系で運転している。両列車の間を行き来できるよう「みどり」は佐世保方、「ハウステンボス」は博多方の先頭車を貫通扉付きの制御車とした。485系の塗装を踏襲した色使いの車両は「ハウステンボス」である。
◎佐世保線　有田〜三河内　2004(平成16)年4月18日

線路に沿って植えられた桜並木が花を咲かせた北方駅に「タウンシャトル」のヘッドマークを掲出した715系がやって来た。武雄市の東端部に位置する駅付近には畔に公園が整備された焼米池がある。また構内の南側には市内を横切る六角川が流れる。
◎佐世保線　北方　1994(平成6)年4月

まつうらせん（まつうらてつどうにしきゅうしゅうせん）

2-4 松浦線（現・松浦鉄道西九州線）

日本の最西端部を巡る第三セクター路線

路線DATA

起点：有田

終点：佐世保

開業：1898（明治31）年8月7日（伊万里鉄道）
1920（大正9）年3月27日（佐世保軽便鉄道）

全通：1945（昭和20）年3月1日

第三セクター転換：1988（昭和63）年4月1日

路線距離：93.8㎞

佐賀県下の伊万里、有田はいずれも17世紀頃から続く磁器の産地として知られる街である。有田〜伊万里間は伊万里港へ磁器製品等を運ぶ目的で伊万里鉄道が明治期に建設した。伊万里鉄道は路線を開業後間もなく九州鉄道と合併した。さらに九州鉄道は国有化され、有田〜伊万里間は伊万里線となった。伊万里以西は昭和期に入って延伸工事が続き、1944（昭和19）年に肥前吉井（現・吉井）までが開業した。

佐世保方からは佐世保軽便鉄道（後の佐世保鉄道）が石炭輸送を目的とした軌間762㎜の軽便鉄道を開業した。伊万里線と出会う吉井までの経路の他、後に旧国鉄線となる3路線を開業。1936（昭和11）年に買収、国有化されて全路線が1,067㎜に改軌された。同じ軌間で繋がった有田〜伊万里〜佐世保間は1945（昭和20）年に松浦線となった。九州の西端部を走る閑散路線は第2次地方交通線として1980年代に廃止が決定。旧国鉄の尾民営化によりJR九州が継承した翌年に第三セクター会社松浦鉄道へ転換され西九州線となった。

有田から有田川と共に北へ向かう鉄路は、伊万里でJR筑肥線と対峙し、伊万里港から松浦湾へと海辺へ出る。北松浦半島の沿岸部をなぞるように線路は続き、鉄道最西端の駅たびら平戸口に到着。車両基地があった佐々を経て内陸部を佐世保へ向かう。

列車の運転範囲は有田〜伊万里間と伊万里〜佐世保間に分かれる。有田〜伊万里間はいずれも両駅間を往復する列車が朝夕1時間に2〜3往復。日中1〜2往復運転される。伊万里〜佐世保間、佐々〜佐世保間では、それぞれ日中1時間に1往復の列車がある。そのうちの1往復は佐世保から佐世保線へ乗り入れ早岐まで直通運転する。また、佐々〜佐世保間には快速4往復が設定されている。

1950年代に製造された気動車3両で仕立てた普通列車。先頭のキハユニ26は検査を終えてから日が浅いのか美しい塗装が印象的だ。2両目のキハ26は急行形気動車色を保つ。初期型車特有のスタンディングウインドウが近代車両の過渡期を彷彿とさせる。◎松浦線　小浦〜佐々　1980（昭和55）年9月1日

江迎（現・鹿町江迎）から東へ向かう鉄路は江迎川と絡み合う谷筋の道程である。コンクリート橋を渡って貨物列車を牽引する8620が白煙と共にやって来た。太めの切取り式除煙板を装備した58648号機は松浦線の蒸気機関車が終焉を迎えるまで早岐機関区に配属されていた。◎松浦線　江迎～潜竜　1971（昭和46）年11月12日

佐々川が佐々浦に向かって幅を広げる佐々町の南部は肥沃な耕作地帯である。所々に刈り取られた稲穂が残る水田の中をキハ47とキハ58が2両編成でやって来た。背景を金比羅岳等、九州本土西端部の山々が彩る。◎松浦線　佐々～小浦　1986(昭和61)年11月

鹿町町の街中を流れて細長い入り江を形成する江迎湾へ流れ込む江迎川。松浦線は江迎(現・鹿町江迎)の平戸口(現・たびら平戸口)側で川を渡る。汽水域の広々とした眺めは海辺の雰囲気を漂わせていた。列車の後ろ2両は準急形のキハ26。朱色5号に塗り替えられた車両はグリーン車からの改造車だ。◎松浦線　江迎～平戸口　1980(昭和55)年9月1日

キハ26と58が普通列車の運用に就く。短い編成ながら急行形気動車色が連なる姿は、幹線を長大編成で走って来た多層建て列車が主要駅で切り離され、身軽な編成になって支線へ入って行くというような1970年代の列車運用を思い起こさせた。
◎松浦線　今福～調川　1981(昭和56)年11月5日

JR発足から半年余りを経ても松浦線の沿線や車両に大きな変化はなかった。冷房装置付きのキハ58が急行形気動車塗装のままで普通列車の運用に入り、江迎川に架かる橋梁はお馴染みの赤みが強いレンガ色だ。車両に貼られたJRマークだけが、ここが民営化された路線であることを静かに示していた。◎松浦線　平戸口～江迎　1987((昭和62)年11月

1913（大正２）年に建てられた木造駅舎が残る蔵宿。建物の傍らに停車する軽快気動車との取り合わせは対照的だ。対向式ホームの中程にホーム間を行き来するための構内踏切がある。ホームには階段が切られている。遮断器等は設置されていない簡易な施設である。
◎松浦鉄道　蔵宿　1992（平成４）年４月17日

今福町浦免地区等でなだらかな弧を描く半島部を行く急行「平戸」。1968（昭和43）年10月1日のダイヤ改正で急行「九十九島」から改称して以来、常にキハ58、28で編成された全車普通車の優等列車だった。1980年代には回送車両を併結していた時期があった。◎松浦線　今福～調川　1981（昭和56）年11月5日

2-5 大村線

静かな内海に影を落とす気動車

路線DATA

起点：早岐

終点：諫早

開業：1898（明治31）年1月20日

全通：1898（明治31）年11月27日

路線距離：47.6㎞

九州鉄道が長崎線として建設した区間である。早岐～大村間と大村～諫早～長与間が同じ年に開業。同時に鳥栖～早岐～長崎間の本線部分が全通した。九州鉄道が国有化された後に国有鉄道線路名称制定により同区間を長崎本線とした。そして昭和期より有明海沿いに建設が進められてきた有明東線、西線が1934（昭和９）年に結ばれると肥前山口～多良～諫早間が長崎本線に編入された。入れ替わりに早岐～諫早間は大村線となった。

早岐から運河のような形状の早岐瀬戸沿いに南下すると、対岸にオランダの街並を再現したテーマパーク、ハウステンボスを望むハウステンボス駅に着く。大村湾沿いに進み川棚、千綿付近等で波打ち際の至近を通る。大村市の南部を流れる鈴田川の河口付近に位置する岩松付近より内陸部へ進み丘陵地を越えて諫早市内へ入る。

早岐～ハウステンボス間は電化区間で特急「ハウステンボス」が乗り入れる。日中は佐世保～長崎間を結ぶ快速「シーサイドライナー」と竹松～長崎間を結ぶ普通列車が１時間に１往復ずつ運転。朝夕晩には佐世保と早岐、長崎を結ぶ普通列車がある。明るい青色に塗られたキハ200系。旧国鉄形のキハ66、67が使用されている。

博多～長崎間を筑肥線、松浦線（現・松浦鉄道西九州線）、大村線、長崎本線経由で結んでいた急行「平戸」。1日1往復の運転だった。撮影日にはキハ58等グリーン車を含む急行形気動車で編成された列車の中程に一般形車両のキハ40が1両組み込まれていた。
◎大村線　松原～千綿　1980（昭和55）年9月1日

小さな入り江に突堤が設けられ、小型漁船等の船溜まりになっている川棚町内の白石郷地区。海辺に建設された築堤上をD51が客車を牽引して駆け抜けた。蒸気機関車が使用されていた末期。大村線では早岐機関区所属のC57、D51等が活躍した。
◎大村線　川棚～小串郷　1971（昭和46）年11月12日

旧国鉄形気動車の見本市という様相を呈した普通列車が、穏やかな大村湾を望む高台を行く。先頭車から4両目には郵便荷物合造車のキハユニ26が連結されている。大柄なキハ40は他の車両に比べて塗装に光沢があり、新製配置されてから間もない様子だ。
◎大村線　小串郷～川棚　1980（昭和55）年9月1日

岩松からは終点諫早に向かって内陸部へ入る。実り始めた水田の中を横切る低い築堤上を普通列車が行く。1980年代に入ると一般形気動車の塗装は旧形車両を含めて首都圏気動車色と呼ばれた朱色5号1色塗りが大勢を占めていた。
◎大村線　岩松～諫早　1980(昭和55)年9月1日

早岐瀬戸の流れが線路に近付いてくると終点までは残り僅かだ。1992(平成4)年に博多～ハウステンボス間を結ぶ観光特急として設定された「ハウステンボス」。毎日運行の列車を含め全てが臨時列車の扱いだった。運転当初はたくさんの色を使ったパッチワーク塗装の485系で運転していた。◎大村線　早岐～ハウステンボス　1999(平成11)年8月9日

佐世保と長崎を結ぶ列車として快速「シーサイドライナー」が大村線経由で運転されている。海を連想させる明るい青の専用塗色を纏うキハ66、67、200が運用に就く。車体には列車名が記され、客室扉は赤に塗られている。

大村線経由で佐世保〜長崎間を結ぶ快速列車は1989(平成元)年に「シーサイドライナー」と命名された。当初は下り列車10本、上り列車9本で運転。キハ58、65等の急行形気動車が充当され、順次濃い青色地の専用色に塗り替えられていった。
◎大村線　千綿〜彼杵　1994(平成6)年4月5日

日豊本線の時刻表（1960年3月）

180　延岡→門司港(2)

上り　日豊本線（延岡—門司港）（その2）

→前頁からつづく

駅名＼列車番号＼始発	柳ケ浦 542	西鹿児島 524	大分 526	博多 510	熊本 723	熊本 709	鹿児島 528	幸崎 540	都城 3502	都城 502	西鹿児島 36	西鹿児島 530	佐伯 566	別府 729	南延岡 568	延岡 926
始発	…	5 03	…	…	…	…	7 44	…	12 30	…	11 45	9 10	…	…	…	…
延岡 発	…	10 59	┐	…	…	…	13 44	…	15 21	┌(高千穂)	16 16	16 28	…	…	1752	2006
北延岡 〃	…	11 06	2・3	…	…	…	13 51	…	レ		レ	16 34	…		1801	2012
日向長井 〃	…	11 13	…	…	…	…	13 57	…	2・3 急行		2・3 急行	16 42	…		1809	2023
北川 〃	…	11 19	…	…	…	…	14 03	…	(さきくに)		レ	16 48	…	…	1817	2028
市棚 〃	…	11 30	…	…	…	…	14 09	…			レ	16 57	…	…	1845	2034
宗太郎 〃	…	11 52	…	…	…	…	14 22	…		…	レ	17 12	…	…	1904	
重岡 〃	…	12 13	…	…	…	…	14 39	…		…	17 02	17 27	…	…	1949	園
神原 〃	…	12 26	…	…	…	…	14 51	…	レ	…	レ	17 41	…	…	2008	…
直見 〃	…	12 36	…	…	…	…	14 58	…	レ	…	レ	17 48	…	…	2017	…
上岡 〃	…	12 45	…	…	…	…	15 07	…	レ	…	レ	17 57	…	…	2032	…
佐伯 着	…	12 51	…	…	…		15 12	…	16 32	…	17 31	18 03	…	…	2040	…
佐伯 発	…	13 01	…	…	…	大分発8 40（豊肥本線・鹿児島本線経由・熊本大分間 準急 707）	15 19	…	16 38	…	17 32	18 13	19 38	…	…	…
海崎 〃	…	13 08	…	…	…		15 23	…	レ	…	レ	18 19	19 45	…	…	…
狩生 〃	…	13 13	…	（大分博多間 準急 605）（博多発13 30 久大本線経由）	…		15 28	…	レ	…	レ	18 25	レ	…	…	…
浅海井 〃	…	13 20	…		…		15 34	…	レ	…	レ	18 34	19 59	…	…	…
日代 〃	…	13 26	…		…		15 40	…	レ	…	レ	18 40	20 06	…	…	…
津久見 〃	…	13 35	…		…		15 49	（大分幸崎間日曜運休）	17 00	…	17 54	18 48	20 17	…	…	…
臼杵 〃	…	13 49	…		…		16 04		17 13	…	18 08	19 01	20 36	…	…	…
上臼杵 〃	…	13 53	…		…		16 08		レ	…	レ	19 05	20 40	…	…	…
熊崎 〃	…	13 58	…		…		16 13		レ	…	レ	19 10	20 46	…	…	…
下ノ江 〃	…	14 04	…		熊本1215（豊肥本線経由）		16 19		レ	…		19 16	20 52	熊本1632（豊肥本線経由）	…	…
佐志生 〃	…	14 09	…				16 24		レ	…		19 21	21 00		…	…
幸崎 〃	…	14 21	…				16 35	1702	レ	…		19 31	21 16		…	…
坂ノ市 〃	…	14 30	…				16 41	1708	17 41	…		19 37	21 24		…	…
大在 〃	…	14 50	…				16 47	1713	レ	…	（東京大分間）	19 42	21 31		…	…
鶴崎 〃	…	14 56	…				16 52	1719	レ	…		19 48	21 38		…	…
高城 〃	…	15 02	…				16 57	1727	レ	…		19 53	21 44		…	…
大分 着	…	15 10	2・3	16 40	1646	16 55	17 04	1742	17 57	↴	18 48	20 00	21 53	2112	…	…
大分 発	…	15 30	16 27	16 41	1646	16 56	17 17	1744	…	18 10	19 02	20 13	22 37	2113	…	…
西大分 〃	…	15 35	16 32	レ	1659	レ	17 22	1749	…	レ	レ	20 17	22 45	2118	…	…
東別府 〃	…	15 48	16 43	レ	1703	レ	17 32	1759	…	レ	レ	20 27	22 58	2129	…	…
別府 着	…	15 51	16 47	16 53	1707	17 14	17 36	1802	…	18 23	19 18	20 31	23 02	2133	…	…
別府 発	…	15 53	17 04	16 56	…	2・3 準急 園（第2ひかり）	17 37	1804	…	18 24	19 21	20 37	23 06	…	…	…
亀川 〃	…	16 00	17 11	2・3 準急 園	…		17 45	1811	…	レ	レ	20 44	23 16	…	…	…
豊後豊岡 〃	…	16 06	17 18		…		17 51	1817	…	2・3 急行	レ	20 49	23 24	…	…	…
日出 〃	…	16 14	17 26		…		17 58	1824	…		レ	21 56	23 35	…	…	…
大神 〃	…	16 21	17 33	レ	…		18 05	1829	…	レ	レ	21 02	レ	…	…	…
杵築 〃	…	16 28	17 41	17 18	…		18 13	1835	…	18 47	19 51	21 08	23 49	…	…	…
中山香 〃	…	16 43	17 46	レ	…		18 30		…	レ	レ	21 20		…	…	…
立石 〃	…	16 51	18 03	レ	…	…	18 39	…	…		レ	21 27	…	…	…	…
西屋敷 〃	…	17 01	18 12	レ	…	…	18 50	…	…		レ	21 35	…	…	…	…
宇佐 〃	…	17 06	18 17	17 41	…	…	19 22	…	…	19 14	20 23	21 40	…	…	…	…
豊前長洲 〃	…	17 13	18 24	（ゆのか）	…	…	19 32	…	…	レ	レ	21 46	…	…	…	…
柳ケ浦 〃	16 10	17 21	18 32		…	…	19 41	…	…	（さきくに）	20 36	21 54	…	…	…	…
豊前善光寺 〃	16 16	17 27	18 37		…	…	19 46	…	…		レ	21 59	…	…	…	…
天津 〃	16 21	17 32	18 42		…	…	19 51	…	…		レ	22 03	…	…	…	…
今津 〃	16 26	17 37	18 47	レ	…	…	19 56	…	…	レ	レ	22 08	…	…	…	…
東中津 〃	16 32	17 42	18 53	レ	…	…	20 02	…	…	レ	レ	22 13	…	…	…	…
中津 着	16 38	17 48	18 59	18 03	…	…	20 08	…	…	19 39	20 55	22 18	…	…	…	…
中津 発	16 41	17 50	19 01	18 03	…	…	20 09	…	…	19 40	20 57	22 19	…	…	…	…
三毛門 〃	16 47	17 56	19 07	レ	…	…	20 15	…	…	レ	レ	22 24	…	…	…	…
宇島 〃	16 53	18 19	19 14	レ	…	…	20 20	…	…	レ	21 05	22 30	…	…	…	…
豊前松江 〃	16 59	18 24	19 20	レ	…	…	20 25	…	…	レ	レ	22 36	…	…	…	…
椎田 〃	17 06	18 33	19 27	レ	…	…	20 33	…	…	レ	レ	22 43	…	…	…	…
築城 〃	17 13	18 42	19 32	レ	…	…	20 39	…	…	レ	レ	22 51	…	…	…	…
新田原 〃	17 19	18 48	19 38	レ	…	…	20 45	…	…	レ	レ	22 57	…	…	…	…
行橋 着	17 26	18 54	19 45	18 27	…	…	20 51	…	…	20 05	21 27	23 03	…	…	…	…
行橋 発	17 33	19 05	19 46	18 28	…	…	20 55	…	（8 08京都着・京都門司間 急行 206）	20 06	21 28	23 05	…	…	…	…
小波瀬 〃	17 38	19 10	19 51	レ	…	…	21 00	…		レ	レ	23 10	…	…	…	…
苅田 〃	17 45	19 19	19 57	レ	…	…	21 06	…		レ	レ	23 16	…	…	…	…
朽網 〃	17 54	19 25	20 03	レ	…	…	21 13	…		レ	レ	23 23	…	…	…	…
下曽根 〃	18 01	19 32	20 08	レ	…	…	21 18	…		レ	レ	23 28	…	…	…	…
城野 〃	18 09	19 42	20 16	レ	…	…	21 26	…		レ	レ	23 36	…	…	…	…
南小倉 〃	18 14	19 48	20 21	レ	…	…	21 30	…		レ	レ	23 41	…	…	…	…
小倉 着	18 20	19 54	20 36	18 52	…	…	21 36	…		20 31	21 54	23 46	…	…	…	…
小倉 発	18 24	20 57	20 37	18 55	…	…	21 40	…		20 32	21 56	23 50	…	…	…	…
門司 着	18 32	20 05	20 45	博多着 [illegible]	…	…	21 47	…		20 39	22 04	23 58	…	…	…	…
門司 発	18 39	20 08	20 51		…	…	21 53	…	↰	20 52	22 11	0 04	…	…	…	…
門司港 〃	18 48	20 16	20 59		…	…	22 01	…	…	‖	‖	0 12	…	…	…	…

└東京着1752

準急が優等列車の主力であった時代の日豊本線上り列車時刻表。関西方面へ向かう急行列車は始発駅を正午前後に発車し、門司には夜半に到着。真夜中の山陽路を夜通し駆けて走る時間設定だった。（1960年３月１日訂補）

3章

日豊本線と沿線

3-1 日豊本線
3-2 日田彦山線
3-3 田川線（現・平成筑豊鉄道田川線）
3-4 日南線
3-5 吉都線
3-6 宮崎空港線
3-7 豊肥本線
3-8 高森線（現・南阿蘇鉄道高森線）

九州の485系は車体を赤一色塗装に変更した車両が民営化後に多数出現した。当初はヘッドサインに列車名を掲出していたが、車両の愛称となったレッドエクスプレスの頭文字をデザイン化した「RE」マークを掲出する列車が年を追って増えた。
◎日豊本線　鶴崎～高城　1994（平成6）年1月

3-1 日豊本線

九州の東海岸を進むもう一つの縦断路線

路線DATA

起点：小倉
終点：鹿児島
開業：1895（明治28）年4月1日
全通：1932（昭和7）年12月6日
路線距離：462.6km

本州と接する九州の玄関口、北九州市を形成する要所の一つである小倉から、島内東側の沿岸部を南下して行橋、大分、延岡、宮崎経由で鹿児島へ向かう。現在の第三セクター区間を含む鹿児島本線と共に九州島内を環状に繋ぐ鉄路をかたちづくる。途中には日向灘や錦江湾を望む広々とした車窓風景が点在する中、急勾配区間が続く中山香、宗太郎、青井岳等の難所が一か所ずつ旅程に区切りをつけて行く。

ヨン・サン・トオ白紙ダイヤ改正時に博多～西鹿児島（現・鹿児島中央）間を当路線経由で結ぶ特急「にちりん」が登場した。旧国鉄時代に「にちりん」は電化の進展による電車化、増発によるエル特急への指定等、隆盛をきわめていった。しかし民営化後の1990年代半ばになると日豊本線の特急は大分、宮崎で運転系統が分断された。現在、路線内で運転している特急は博多～大分間の「ソニック」。大分～宮崎間の「ひゅうが」、宮崎～鹿児島中央間の「きりしま」の３系等が基本だ。東京、大阪と西鹿児島を結ぶ夜行列車も数多く運転されていた。しかし、寝台列車の運転縮小が推進された中で夜間、早朝に日向路を通過する長距離列車は途絶えて久しい。東京～西鹿児島間を走破し、日本一長い距離を走る列車だった寝台特急「富士」。後に運転区間を大分までに短縮され、日豊本線を行く夜行列車の最後を飾った。

一方小倉、大分、鹿児島周辺では都市間輸送の性格は未だ強い。おおむね50km圏内までの近郊区間で普通列車が頻繁に運転されている。関門トンネルを潜る下関行きの5520Mは、午前４時49分に柳ヶ浦駅を発車する。日の短い季節であれば日の出が遅い九州で、街は未だ眠りの中にある。また延岡、宮崎等周辺は山間区間に近く、都市部とは趣を異にする自然豊かな景色が見られ、クロスシート車であれば普通列車でも旅行気分を満喫できる。

日豊本線の電化進展と共に特急「にちりん」の主力車両となっていった485系。民営化初期には26往復体制となった。その半面、旧国鉄末期には編成の短縮化が図られ５～７両編成で運転された。◎日豊本線　三毛門～中津　1986（昭和61）年10月

ロボット、昆虫等を連想させる斬新な姿の883系。登場時には全車両が先頭部をブルーメタリックで塗装されていた。1995（平成７）年に博多～大分間で特急「ソニックにちりん」として営業運転を始めた。◎日豊本線　大神～杵築　1998（平成10）年７月30日

車体塗装を真っ赤に刷新したJR九州所属の485系。後継車両に伍して特急「にちりん」で活躍した。先頭のクロ480は中間車からの改造で生まれた形式。ショートノーズの運転台と初期型が装備していたキノコ形クーラーを併せ持つ。
◎日豊本線　杵築～大神　1998（平成10）年７月30日

撮影月の前月に電化開業した日豊本線。山中の駅構内にも架線が張り巡らされた。頭上を窮屈そうにしながら貨物列車牽引の暫定運用で生き延びた南延岡機関区のD51がやって来た。傍らの桜は去年と変わらず花を咲かせていた。
◎日豊本線　直見　1974（昭和49）年4月4日

457系は交直流両用の急行形電車。新製当初は関西方面と九州を結ぶ山陽急行に使用され、後に九州内の急行列車に使用された。大分運転所（現・大分車両センター）に集められた車両は普通列車に転用された。旧国鉄時代には急行形電車塗装のままで使用された。
◎日豊本線　直見～上岡　1986（昭和61）年11月

幸崎～南宮崎間が電化開業した後も僅かな間、蒸気機関車牽引の貨物列車が残った。黒岩山中の小駅宗太郎でD51牽引の貨物列車同士が交換した。手前に停車するD51 47号機は延岡機関区の所属。運転室から前方へ飛び出して取り付けられたナンバープレートには疾走感が宿る。◎日豊本線　宗太郎　1974（昭和49）年4月4日

客車が旅客列車の主流であった頃、電化と共に全ての列車が電車化されることはなく、牽引機が電気機関車に替わることが常だった。1970年代までは旧型客車が多く残り、日豊本線には10系軽量客車の姿もあった。
◎日豊本線　宗太郎～市棚　1979（昭和54）年3月28日

リニアモーターカーの宮崎実験線と並行する区間を行く485系の特急「にちりん」。旧国鉄分割民営化から１年近く経った頃の姿だ。国鉄時代からの特急塗色はそのままでJNRマークも健在。６両編成は往年の長編成と比べ物足りない。
◎日豊本線　都東農校前　1988（昭和63）年１月

日豊本線では電化前より旅客列車の一部を気動車で運転していた。３両編成の先頭を飾るのはキハ10。1955（昭和30）年から製造された両運転台車だ。車体断面が後継車よりも小さい。後ろに連結しているキハ20と比べればその差は歴然である。
◎日豊本線　川南～高鍋　1978（昭和53）年９月13日

日豊本線を代表する昼行特急だった「にちりん」。民営化後は３両の短編成で運転する列車が登場した。旧国鉄特急電車塗装の485系は世紀末を記念して塗り直されたDo2編成。運転台下のJNRマークも再現されている。
◎日豊本線　高鍋～川南　2004（平成16）年４月25日

小丸川の河口付近は引き潮の気配。長大な鉄道橋の向うには蚊口浦の砂嘴が垣間見える。その奥には外海へ続く日向灘が水平線を僅かに覗かせていた。彼方まで続く青い眺めの中に真っ赤な485系で編成された特急「にちりん」が飛び込んで来た。
◎日豊本線　高鍋～川南　1992（平成４）年４月25日

大分、宮崎を経由して北九州と鹿児島を結ぶ主要路線という位置付けだった日豊本線には電化前より無煙化の方策として電気式ディーゼル機関車のDF50が投入された。主に寝台特急をはじめとした旅客列車運用に使用された。◎日豊本線　高鍋〜川南　1973（昭和48）年11月19日

水面に影を落として客車列車を牽引するC61 24号機。長年に亘って東北本線、奥羽本線で活躍してきた急客機は電化の進展でみちのく路を追われ、終の棲家を南国宮崎に求めた。C57、D51等と混用されて客貨の両運用に従事した。
◎日豊本線　高鍋～川南　1972(昭和47)年12月21日

民営化後JR九州第１世代の特急用車両として登場した783系。1991(平成３)年から特急「にちりん」に投入された。「にちりんシーガイア」は宮崎市内のリゾート施設シーガイアに因んだ列車名。2000(平成12)年より同車両が運用を受け持った。
◎日豊本線　高鍋～川南　1992(平成４)年4月25日

日向灘に面した土佐原町の界隈には平坦区間が続く。しかし、日豊本線の宮崎以北では南延岡機関区所属のD51が主に使用され、勾配区間がある宗太郎越えを含めて列車の牽引機を務めていた。新しく張られた架線を燻して1095号機が行く。
◎日豊本線　佐土原～日向住吉　1973(昭和48)年11月23日

九州内の急行運用に就く気動車は民営化後に座席のリクライニングシート化、回転クロスシート化等の改造を受けた。急行「えびの」として運転する青一色のキハ58、65は旧国鉄色から２度目の塗色変更を施工された後の姿だ。
◎日豊本線　宮崎～南宮崎　1994（平成６）年１月

大淀川を渡るC57 89号機牽引の客車列車。蒸気機関車の撮影名所だった橋梁には架線柱が建ち並び、架線も張られて電化工事が完了した後の様子と分かる。同機は日豊本線南宮崎電化開業後の1974（昭和49）年６月に廃車された。
◎日豊本線　宮崎～南宮崎　1973（昭和48）年11月23日

豪快に白煙を噴き上げて田野を発車するC57 187号機。斜光を浴びた車体は金色を帯びて輝く。同機は1960年代に新津機関区から大分運転所へ転属。その後の生涯を日豊本線で過ごした。宮崎機関区に配置された期間が長かった。
◎日豊本線　田野～日向沓掛　1973（昭和48）年11月24日

455系等から改造された近郊型の交流専用電車だった717系。民営化後は九州旅客鉄道に継承された。九州地区で使用された車両は3両一組の一般的な編成に加え、2両一組の200番台車と900番台車があった。◎日豊本線　2011（平成23）年5月18日

野菜の収穫に勤しむ人へ合図を送るかのようにC57が煙をたなびかせながらやって来た。毎日決まった時間に通過する列車は畑仕事の時計代わりになっていたのかも知れない。　休憩時間を知らせる音が汽笛だと楽しそうだ。
◎日豊本線　日向沓掛～田野　1973（昭和48）年11月24日

駅間距離が10km以上におよぶ田野～青井岳間。中間付近には門石信号場がある。1965（昭和40）年に開業した比較的新しい施設だ。信号場から青井岳に向けては下り勾配となり、機関車は流し気味に築堤を駆けて行った。
◎日豊本線　門石（信）～青井岳　1973（昭和48）年11月24日

西鹿児島（現・鹿児島中央）口には肥薩線等、非電化路線の列車が乗り入れる。電化後も電車に混じって走る気動車の姿は日常風景だった。旧国鉄急行形気動車色のキハ58が鹿児島湾へ注ぐ蒲生川を渡って行った。◎日豊本線　錦江～帖佐　1989（平成元）年10月

鹿児島湾越しに噴煙を上げる桜島を望む竜ヶ水付近を行く気動車の普通列車。先頭部にヘッドマークを掲出している。旧国鉄の分割民営化直前の撮影で、車両は既にJR九州の一般形気動車色に塗り替えられていた。◎日豊本線　鹿児島～竜ヶ水　1987（昭和62）年３月

3-2 日田彦山線

北九州と日田、湯布院を結ぶ急行が往来

路線DATA

起点：城野
終点：夜明
開業：1915（大正4）年4月1日
全通：1956（昭和31）年3月15日（彦山～大行司間延伸開業）
路線距離：68.7㎞

筑豊地方の東部を経由して北九州市と日田市を結ぶ路線。平尾台、香春岳から産出する石灰石や、添田等の炭鉱から採掘される石炭の輸送を目的に建設された。大正期に小倉鉄道が開業した東小倉～上添田間が城野方における路線の始まり。当時の開業区間に含まれる香春～添田間は日田彦山線の全通時に添田線（二代目）となった。

現路線の中間部に相当する後藤寺（現・田川後藤寺）を経由して添田へ向かう区間は明治期に豊州鉄道、九州鉄道が開業した。終点の夜明方から路線の建設が始まったのは昭和期に入ってからだった。途中に急峻な釈迦ケ岳が立ちはだかり、玖珠川の支流である大肥川を遡った大行司で長らく轍を停めていた。しかし4,379mの釈迦ケ岳トンネルを含む彦山～大行司間が1956（昭和31）年に延伸開業。同年に城野～石田間。翌年には香春～伊田間の新線が完成して現在の線形となった。1960（昭和35）年4月1日に城野～後藤寺～夜明間と沿線にある3本の貨物線を日田彦山線とした。

日豊本線と分かれた線路は小倉区の市街地を南下して竜ケ鼻、牛斬岳に囲まれた山中を通り、香春岳の麓を回って筑豊へ入る。添田付近から沿線は山深くなる。5分以上掛けて釈迦ケ岳トンネルを抜けると彦山～大行司間の開業時に新設された筑前岩屋。アーチ橋上から梅雨時には蛍が舞う山里を眺めながら終点夜明に着く。

沿線に湯布院等の観光地がある久大本線へ北九州地区から乗り入れる短絡線としての性格を買われ、「はんだ」「日田」等の準急、急行を運転していた。しかし1980年代に入ると合理化の下でそれらの優等列車は廃止、快速への格下げで姿を消した。現在は普通列車のみで運行している。2017（平成29）年の北九州豪雨で沿線は甚大な被害を受けた。添田～夜明間は運休が続いている。城野方で運転する列車は全て小倉を始発終点とする。

石炭列車が途絶えてからも日田彦山線には石灰輸送の貨物列車が運転されていた。輸送に使用されるホッパ車は石炭用の同じ上部に蓋が無いものから積載部がタンクのような形状の有蓋ホッパ車に替わっていた。牽引機はナンバープレートの地を赤く塗った九州タイプのDD51だ。◎日田彦山線　香春～採銅所　1980（昭和55）年9月

金辺(きべ)峠の城野方にある呼野はかつて、福岡県内で唯一のスイッチバック駅だった。下り貨物列車は駅に停車後に引き上げ線へ後退。猛然と煙を上げ隣駅との間に立ちはだかる金辺トンネルへ向かい発車して行った。
◎日田彦山線　採銅所～呼野　1972(昭和47)年4月8日

北九州小倉と筑豊地区を結ぶ区間が開業して以来、日田彦山線は客貨共に需要の高い路線だった。石炭の採掘が枯渇気味となった1970年代に入っても、香春岳等から産出する石灰を輸送する貨物列車が多数あった。牽引機にはD51が充当された。
◎日田彦山線　香春～採銅所　1972(昭和47)年4月8日

20世紀も終盤に差し掛かった頃、地方路線では相次ぐ急行の廃止で余剰となった急行形気動車が普通列車に転用されていた。香春岳の麓を行くのはキハ28と58の2両編成。キハ58は民営化時に塗り替えられたJR九州急行気動車色のままである。
◎日田彦山線　香春～一本松　1998(平成10)年10月3日

3-3 田川線（現・平成筑豊鉄道田川線）

筑豊と周防灘沿岸の港を結ぶ

路線DATA

起点：行橋

終点：田川伊田

開業：1895（明治28）年8月15日（現在の営業区間）

第三セクター転換：1989（平成元）年10月1日

路線距離：26.3㎞

主に筑豊地区南部で算出した石炭を周防灘に面した苅田港等へ運ぶ目的で建設された路線。豊州鉄道が行橋〜伊田（現・田川伊田）間を一度に開業した。国有化された後、第2次世界大戦中に彦山まで延伸された。しかし戦後になって添田〜彦山間が彦山（現・日田彦山）線、伊田〜添田間が日田彦山線に編入され現行区間が田川線となった。

石炭産業が衰退して以降、閑散路線となった田川線は民営化が目前となった1987（昭和62）年に第3次特定地方交通線として廃止が決定された。民営化後はJR九州、JR貨物が運営を引き継ぎ、1989（平成元）年10月1日に第三セクター会社の平成筑豊鉄道へ転換された。

行橋市内を流れる今川に沿って南西方向へ延びる線路は、油須原付近で山間部に続く谷筋を通り、筑豊地方で石炭産業の中心地として栄えた街の一つである伊田に至る。

1970年代の初めまでは石炭車を連ねた専用貨物列車が多く運転されていた。しかし、民営化までに貨物列車は姿を消した。現在は民営化後に投入された気動車400形、500形が旅客輸送に使用されている。田川伊田から伊田線へ乗り入れ行橋〜直方間を通して運転する列車が多く、行橋〜犀川間には朝晩に区間列車がある。

空車を牽引して足取りも軽やかに田園地帯を行く9600。車体には春闘の際に白ペンキで書かれた標語を消した痕跡が見られる。普段は美しく磨かれた機関車が多かった九州だが、賃上げ闘争が激しくなる時期はその限りではなかった。
◎田川線　内田（信）〜油須原　1974（昭和4）年3月30日

無煙化が達成された後の田川線ではDE10が貨物列車を牽引した。赤い機関車が石灰輸送に用いられるホッパ車を牽引して山間に架かる鉄橋を渡る。貨物列車は第三セクター鉄道に転換されてからもしばらくの間運転された。
◎田川線　崎山·~油須原　1980（昭和55）年９月

山間に架かる橋梁を渡る9600牽引の石灰運搬列車。事業所へ貨車を返却する列車なので積み荷はないものの、機関車から吐き出される煙は濃い緑の森に流れゆく輪郭を浮かび上がらせた。◎田川線　崎山～油須原　1973（昭和48）11月30日

石炭列車、石灰列車が頻繁に往来した田川線だが、鉱石を採掘する事業所の都合によっては運び出す貨車がない時もある。この日は緩急車1両を牽引した9600が足早にやって来た。波に千鳥の装飾を除煙板に施した79668号機だった。◎田川線　崎山～油須原　1972(昭和47)年4月9日

伊田(現・田川伊田)の東側で田川線は彦山川を渡る。橋梁の向うには並行する日田彦山線の橋が少し見える。駅を発車した9600の重連が勢い良く煙を噴き上げながら進んで来た。現在日田彦山線との離合地点付近には上伊田駅がある。
◎田川線　伊田～勾金　1972(昭和47)年12月7日

崎山を発車して山間部へ向かう普通列車。先頭車は準急形のキハ26だ。運転台の側面には通過駅での通票授受等に使われたタブレットキャッチャーが優等列車の運用に就いていた頃の名残として取り付けられていた。
◎田川線　崎山～油須原　1980（昭和55）年9月

にちなんせん

3-4 日南線

大隅半島に残った唯一のJR路線

路線DATA

起点：南宮崎
終点：志布志
開業：1935（昭和10）年4月15日
全通：1963（昭和38）年5月8日
路線距離：88.9㎞

大隅半島の鉄道拠点であった志布志へ続く唯一の現行路線。南宮崎～北郷間は1962（昭和37）年に廃止された宮崎交通の跡地を利用して建設された。飫肥～油津間は軌間762㎜の路線であった宮崎県営鉄道飫肥線を買収、国有化の後に軌間1067㎜改軌した。同区間を含む北郷～志布志間は志布志線として建設された区間だ。南宮崎～北郷間の開業時に線路が繋がった北郷以南の南宮崎～志布志間が日南線となった。大隅半島に敷設された旧国鉄線では最も遅く全線開業した路線である。

宮崎空港線へ乗り入れる列車が走る南宮崎～田吉間は電化されている。内海～小内海間では特徴的な形状の磯場が続く鬼の洗濯岩の側を通る。伊比井と北郷を隔てる谷之城山の下を長大トンネルで潜り広渡川、酒谷川が流れる平野部へ。かつての城下町飫肥を経て市の中心部にある日南駅に至る。油津から南郷にかけては日向灘を望む海辺を走る。沖合には奇岩七ツ八重（ナナツバエ）が浮かぶ。南郷からさらに西へ向かうと谷筋に沿った山越え区間が続く。福島今町周辺から三度海の近くを通る。所々で紫紺の志布志湾が車窓を飾る。志布志市街地の東部を流れる前川を渡ると終点志布志に着く。

宮崎～南郷間で臨時特急「海幸山幸」が土曜休日等に運転される。車両は2008（平成20）年に廃止された高千穂鉄道のTR-400形をキハ125形400番台車として使用。快速「日南マリーン号」は下り列車が宮崎～志布志間。上り列車は南郷～宮崎間で運転する。普通列車は1～2時間に1往復ほどの運転間隔。南宮崎～田吉間には宮崎空港線へ直通する電車が乗り入れる。非電化区間と行き来する南宮崎口の列車は全て日豊本線の宮崎を始発終点にしている。全区間を通して運転する列車は快速1本を含めて4往復ある。その他青島、油津、南郷を始発終点とする区間列車が設定されている。使用される車両は特急「海幸山幸」を除き旧国鉄型気動車のキハ40、47である。

日南市を通り過ぎて内陸部へ入ると、榎原（よはら）川の南岸を縫って走る。冬枯れの様相を呈する低い築堤にC11牽引の貨物列車がやって来た。機関車の次位には砕石散布等に用いられるホッパ車が連結されていた。◎日南線　谷之口～榎原　1973（昭和48）年11月20日

日南市の郊外を流れる隈谷川が注ぐ海岸部には日南線の橋梁が架かる。海側から陽光が差し込む中、ゆったりとした曲線を描くコンクリート橋を赤地のナンバープレートを装着したC11 195号機牽引の貨物列車が渡って行った。
◎日南線　大堂津～油津　1973(昭和48)年11月20日

終点志布志近くの町中で日南線は、市東部の笠木岳山中より流れ出る前川を渡る。係留された小舟を眼下に観てC11がやって来た。僅かに黒煙を煙突から燻らせている。奥に架かる道路橋は国道220号線。
◎日南線　大隅夏井～志布志　1973(昭和48)年11月20日

南国の夜明けは遅い。鉄道の向うに見える道路には自動車の動く影が見え隠れしているのに赤味を帯びた空から太陽は未だ顔を出さない。宮崎の市街地から汽笛が聞こえて、ようやく眩い朝の光が河原を照らし出し始めた。
◎日南線　南方～木花　　1973(昭和48)年11月20日

砂浜から眺めた橋梁は川面から岸に向かって並ぶ桁が低くなっていくように見えて、緩やかな下り勾配となっているように映る。油津からやって来た汽車は予想通りの絶気状態。汽笛と共に水蒸気が舞うばかりだった。◎日南線　油津～大堂津　1973(昭和48)年11月20日

紫紺の日向灘に数両の貨車を牽引する蒸気機関車の影が切り絵のように浮かび上がる。沖合に並ぶ奇岩ナナツバエはたなびく白煙にかき消された。優しい初冬の光が海辺の絶景を照らし出す。◎日南線　大堂津〜南郷　1972(昭和47)年12月10日

清武川に架かるコンクリート橋梁を渡る貨物列車。機関車の後に煙が小気味よく流れて行った。路線距離が90km弱の日南線ではタンク機関車のC11が主力として活躍。1975（昭和50）年1月まで使用された。◎日南線 南方～木花

小さな橋の向うにはお堂が建つ。豊作の守り神として昔から当地に祀られているのだろう。その背景には未だ影が引き切らない鉄路の築堤。白煙と共にいつもの汽車がいつも通りにやって来た。なつかしくも遠くなった昭和の情景だ。◎日南線　榎原(よはら)～日向大束　1973(昭和48)年11月20日

きっとせん

3-5 吉都線

車窓に霧島の威容を望む

路線DATA
起点：吉松
終点：都城
開業：1912（大正元）年10月1日
全通：1913（大正2）年10月18日
路線距離：61.6㎞

吉松～小林間で開業した宮崎線を祖とする。宮崎線は吉松～宮崎間が結ばれて全通し、小倉～宮崎～吉松間が日豊本線となった。後に日豊本線の現行経路となった都城～隼人～鹿児島間を結ぶ路線が開業し、吉松～都城間は吉都線として日豊本線から分離された。

吉松から北へ延びる線路は駅を出てすぐに肥薩線と離れて霧島連山の北麓を巡る。京町は小さな温泉街。大きく区画整理された田園風景が広がる山里を行く。途中駅唯一の有人駅である小林を過ぎると進行方向は南方に移る。高崎川の流れに沿って杉木立が続く山中を軽快に走り抜ける。盆地の中に広がる市街地へ出ると終点の都城である。

旧国鉄時代には特急「おおよど」や急行「えびの」等、路線内を通して走る優等列車があった。現在は普通列車のみの運転である。日中には運転間隔が4時間近く空く時間帯があり、地域の中核都市を結びながら閑散路線の様相を呈している。全列車がワンマン運転でキハ40、47等の国鉄型気動車が使用されている。

春の日差しを浴びて、それまで凍てついていた水田の土は田植え時期に向けて日々温もりを蓄えていく。貨物列車を牽引するD51は足取り軽く、線路際は手入れされて芽吹きの季節間近となった淡い色彩の中を快走した。◎吉都線　飯野～上江　1972（昭和47）年4月12日

吉都線を担当していた吉松機関区所属のD51は肥薩線矢岳越えに挑む人吉区の同形機とは対照的に、集煙装置やタンク類を装備しない、すっきりとしたいで立ちだった。背景には今も時として活発な火山活動を見せる霧島山系がそびえる。
◎吉都線　西小林～飯野　(昭和47)年12月15日

低い雲が太陽を見え隠れさせる朝。客車1両を牽引してD51が白煙と共に走り抜けて行った。地元学生に通学の便を図り、吉都線の一番列車は貨物列車に客車を連結した混合列車だった。今日は正月3日。後ろに続くべき貨車は連結されていない。
◎吉都線　加久藤(現・えびの)～京町　(昭和47)年1月3日

急行形気動車は1980年代に入ると「えびの」等の急行列車が健在だった吉都線でも普通列車の運用に就いた。キハ58と65の2両を車両運用の一つの単位とした形態は急行と変わらず、それにキハ40等の一般形車両が増結された。
◎吉都線　京町温泉～鶴丸　1989(平成元)年10月23日

高崎新田付近で霧島山中から流れ出す高崎川を渡るキハ40の単行。都城と吉松を結ぶ吉都線には旧国鉄末期まで客車列車が運転され地域輸送の重責を担っていた。自家用車の普及等に伴って鉄道利用者は減少を続け、昼間の閑散時間帯には単行の列車が運転されるようになった。◎吉都線　高崎新田～東高崎　2004(平成16)年4月24日

稲穂がそよぐ田園風景の中を両運転台車のキハ40が2両編成で普通列車として走る。より高く見えるようになった空はすっかり秋の装いである。夏の間に伸びた草が刈り取られて手入れの行き届いた築堤が気持ち良い。
◎吉都線　京町温泉～鶴丸　1989(平成元)年10月23日

ヘッドマークを掲出して吉都線に乗り入れた急行「えびの」。民営化直後は全て普通座席車を用いた編成だった。吉松まで肥薩線を経由する列車は矢岳越え等の急勾配区間を通るため、二機関を装備した強力車のキハ65を連結していた。
◎吉都線　日向庄内～谷頭　1987(昭和62)年11月

みやざきくうこうせん

3-6 宮崎空港線

特急が乗り入れる空港連絡線

路線DATA

起点：田吉

終点：宮崎空港

開業：1996（平成8）年7月18日

路線距離：1.4㎞

延岡、宮崎方面と宮崎空港の連絡を図って建設された路線。JR線では路線距離が最も短い。日南線田吉から南方駅方500mほどの場所に分岐点がある。線路は高架となり大きな曲線を描いて空港の南側にある宮崎空港駅へ向かう。

日豊本線の大分、延岡〜南宮崎間を結ぶ特急「にちりん」「ひゅうが」等は、早朝夜間運転の一部列車を除いて宮崎空港が始発終点である。その一方で宮崎と鹿児島方面を結ぶ特急「きりしま」は宮崎駅構内での折り返し運転を要する為に当路線へは乗り入れない。普通列車は宮崎以北の延岡方面へ行き来するものと南宮崎間の短距離運転がある。

宮崎空港と連絡するJR路線の駅は1面2線の高架ホームを備える。ホームと航空会社のカウンターは距離が近く、列車と飛行機の乗換え至便な構内の形状である。ガラス壁越しにフェニックスの木が見え、南国情緒を醸し出している。◎宮崎空港線　宮崎空港

大淀川を渡る713系。客車で運転していた長崎本線の普通列車を電車化する目的で1983（昭和58）年より製造された九州初の交流専用電車だった。宮崎空港への連絡列車に使用するべく、廃車された485系から流用した回転式リクライニングシートを取り付ける等の改造が実施された。◎日豊本線　宮崎～南宮崎　2011（平成23）年10月19日

ほうひほんせん

3-7 豊肥本線

勇壮な面持ちの阿蘇カルデラを横断

路線DATA

起点：大分

終点：熊本

開業：1914（大正3）年4月1日

全通：1928（昭和3）年12月2日

路線距離：148km

当初は低規格な軽便線として鉄道建設が始まった。大正期に犬飼軽便線、大分～中判田間と宮地軽便線、熊本～肥後大津間が同じ年に開業。昭和期に入り、波野高原から阿蘇カルデラの底へ一気に下る険しい地形が立ちはだかっていた玉来～宮地間が延伸開業し、九州屈指の山岳路線が全通した。沿線を彩る急峻な地形は変化に富んだ車窓風景を展開する一方で、台風の襲来等による大きな災害をもたらすことがある。民営化後も土砂崩れ等で運休を余儀なくされた区間が点在する。2016（平成28）年に発生した熊本大地震は赤水～立野間に大規模な土砂崩れをもたらした。現在も阿蘇～肥後大津間は運休している。

別府湾に面した大分市より大野川に沿って進み、滝廉太郎作曲の歌曲「荒城の月」の題材となった岡城址がある豊後竹田。宮地から赤水に至る阿蘇カルデラを通って熊本へ至る九州の中央部を横切る。

阿蘇を中心とした観光資源に恵まれた沿線を持つ路線だけに1950年代に入って急行、準急等の優等列車が各地で運転されるようになると、準急「ひかり」が設定された。旧国鉄期には急行「火の山」。民営化後に特急「あそ」と主力列車は時代を追うごとに昇格した。民営化後に動態復活を遂げた58654号機は客車3両を牽引し、熊本～宮地間で「SLあそBOY」として運転した。また、鹿児島本線の特急「有明」は中断期間を跨いで九州新幹線の全線開業時まで水前寺まで乗り入れていた。

熊本地震で路線が分断された今日、大分～阿蘇間に特急が1往復運転されている。金～日曜日、祝日等には観光用車両のキハ183系を用いた「あそBOY」。その他の日にはキハ185系による「九州横断特急」が走る。

日豊本線との共用区間である大分～下郡信号場間と肥後大津～熊本間は交流電化区間で、熊本口は817系等の電車。その他の非電化区間の列車は気動車で運転している。

熊本～別府間を結んでいた急行「火の山」を特急に格上げした「あそ」。JR四国から購入したキハ185系を投入した。車体は四国時代の緑、空色からJR九州のイメージカラーである赤を基調とした塗装に変更された。運転台の下部に車両形式と列車名を記載している。
◎豊肥本線　阿蘇　1994（平成6）年1月17日

阿蘇外輪山の中をキハ200が行く。民営化後に登場した赤い車体の一般形気動車は豊肥本線へ投入当初、熊本口の運用を中心に使用された。熊本～肥後大津間の電化により、運用範囲は阿蘇谷を含む路線の東側へ拡大した。
◎豊肥本線　阿蘇～内牧　1998（平成10）年７月26日

赤茶けた岩肌がむき出しになった阿蘇谷を行く「あそBOY」は、西部劇等の舞台となったアメリカの荒野意識した装飾を車両に施していた。50系客車を改造した専用車両は二重屋根を備えた古典車風の姿となり、機関車の煙突には米国製の小型機関車等で見られたダイヤモンドスタック風の火の粉止めが装着された。◎豊肥本線　阿蘇～いこいの村　1998（平成10）年7月26日

立野は三段スイッチバックの駅。ホームに入った下り列車は急勾配の渡り線を逆向きに上って行く。機関車牽引の列車では推進運転となった。煙の流れる方向が列車の動きを示している。豊肥本線では9600、C58等が活躍した。
◎豊肥本線　立野～赤水　1972 (昭和47) 年12月13日

黒煙を高々と上げて進む列車は「あそBOY」。熊本～宮地間を結ぶ観光列車としてJR九州発足後に運転された。機関車は旧国鉄期に湯前線等で活躍した58654号機。引退後に肥薩線の矢岳駅近くで保存されていた機関車を動態復元して本線復帰させた。
◎豊肥本線　立野～赤水　1998（平成10）年７月20日

立野へ向かう列車はキハ26、55を主体とした、かつての準急列車を彷彿とさせる編成だった。同系車両の中には客室窓にスタンディングウインドウを備える初期型車両や狭窓が並ぶグリーン車からの改造車が組み込まれて変化に富んだ眺めとなっていた。
◎豊肥本線　立野　1981（昭和56）年11月13日

気動車列車が棚田の中に敷設されたスイッチバック形状の線路を辿って急坂を上る。列車の上方に赤水方面へ向かう本線がある。つかの間進行方向が変わった列車のしんがりを務めるのは二機関を装備するキハ52。山岳路線に相応しい強力車両だ。
◎豊肥本線　立野～赤水　1981(昭和56)年11月13日

3-8 高森線（現・南阿蘇鉄道高森線）

阿蘇の山々を車窓に南郷谷を東へ

路線DATA

起点：立野
終点：高森
開業：1928（昭和3）年2月12日
第三セクター転換：1986（昭和61）年4月1日
路線距離：17.7㎞

豊肥本線の前身である宮地線の支線として開業した路線。豊肥本線の全通で開業から僅か10か月後に高森線と命名された。改正鉄道敷設法では高森線と高千穂線延岡～高千穂間と結んで九州の中央山岳部を横断する路線が計画されていた。しかし、高森～高千穂間の建設中にトンネル内での異常出水等、困難に見舞われる中で工事は中止されて事業は頓挫した。

山里を走る距離が短い閑散路線となった高森線は第一次特定地方交通線の指定を受けて廃止が承認された。しかし鉄路の存続が検討され、旧国鉄時代に第三セクター会社の阿蘇南鉄道へ転換された。

阿蘇外輪山の切れ目となる立野から白川の深い谷間へ線路は躍り出る。雄大な姿の立野橋梁、第一白川橋梁を渡り、阿蘇の山々を望む盆地の中を進む。「南阿蘇水の生まれる里白水高原駅」は日本一長い名前を持つ駅。進行方向に清栄山等鉄路の行く手に立ちはだかった山塊が迫ると線路は北側へ大きく曲がり高森に到着する。

当路線は2016（平成28）年に発生した熊本地震で甚大な被害を受けた。立野～中松間は不通が続いており中松～高森間で営業している。普通列車は平日3往復、土曜休日2往復の運転。また観光列車として3～11月の土曜休日等にトロッコ列車「ゆうすげ号」2往復が運転される。

根子岳を背に高森駅を発車した列車は大きな曲線をなぞって西に向きを変えた。C12は簡易線用の小型タンク機。白い息を吐くかのように煙をなびかせ軽やかに目の前を走り抜けて行った。晩秋の阿蘇谷は寒く既に冬の気配が漂い始めていた。
◎高森線　高森～阿蘇白川　1973（昭和48）年11月26日

逆機運転ながら力強く煙を吐きながら貨物列車を牽引するC12。高森線では下り列車で機関車が炭庫部を前にした運転形態をとっていた。盆地の西端部である長陽から高千穂へ続く道が延びる御成山の麓にある高森へ向かって多くの区間が上り勾配になっている。
◎高森線　阿蘇白川～高森　1973(昭和48)年11月26日

C12が高森駅の構内外れで停車していた。側線にはワム80000等の二軸貨車が留め置かれている。旧国鉄期より閑散路線として知られた高森線だったが終点高森は地域の農業、酪農製品等の集積地であり、貨物駅業は1980年代半ばまで継続された。
◎高森線　高森　1973(昭和48)年11月26日

盆地へ入ってから線路と付かず離れずの間合いで並行してきた白川は、終点近くになって線路と交差する。開けた田園地帯を流れる小川だが、橋梁付近から覗き込むと川底が意外と深いことが分かる。ささやかな流れが急坂に乗って勢いを増し、立野付近で険しい表情の峡谷を生み出したのだ。◎高森線　高森～阿蘇白川　1981（昭和56）11月13日

旧国鉄高森線時代の高森駅。駅構内は南北方向に延び、立野方からホーム周辺を望むと背景に阿蘇の山々を見渡すことができる。ホームに佇む気動車はキハ55キハ52。勾配区間を行く高原列車らしく2両共二機関を備えた強力車である。
◎高森線　高森　1981（昭和56）4月12日

立野駅を発車した列車はすぐにトレッスル橋脚を持つ立野橋梁を渡る。深い谷を渡る部分に3基のトレッスルが用いられている。桁等を構成する鋼材は米国アメリカンブリッジ社からの輸入品だ。付近には川岸付近まで下りられる小路があり、勇壮な姿を見上げることができる。◎高森線　立野～長陽　1981（昭和56）11月13日

阿蘇郡南阿蘇村立野と菊池郡大津町外牧の境界部で白川に架かる第一白川橋梁。高森線開通前の1927(昭和2)年に竣工した。川からレール面まではおよそ60mあり、後に旧高千穂線の高千穂橋梁ができるまで旧国鉄路線の橋梁で最も高い位置に架かる橋梁だった。
◎高森線　長陽～立野　1981(昭和56)11月13日

安田就視（やすだ なるみ）
1931（昭和6）年2月、香川県生まれ、写真家。日本画家の父につき、日本画や漫画を習う。高松市で漆器の蒔絵を描き、彫刻を習う。その後、カメラマンになり大自然の風景に魅せられ、北海道から九州まで全国各地の旅を続ける。蒸気機関車をはじめとする消えゆく昭和の鉄道風景をオールカラーで撮影。

【写真解説】
牧野和人（まきの かずと）
1962（昭和37）年、三重県生まれ。写真家。京都工芸繊維大学卒。幼少期より鉄道の撮影に親しむ。平成13年より生業として写真撮影、執筆業に取り組み、撮影会講師等を務める。企業広告、カレンダー、時刻表、旅行誌、趣味誌等に作品を多数発表。臨場感溢れる絵づくりをもっとうに四季の移ろいを求めて全国各地へ出向いている。

九州の鉄道
国鉄・JR編【現役路線】

発行日……………………2019年10月5日　第1刷　　※定価はカバーに表示してあります。

著者………………………安田就視、牧野和人
発行者……………………春日俊一
発行所……………………株式会社アルファベータブックス
〒102-0072　東京都千代田区飯田橋 2-14-5 定谷ビル
TEL. 03-3239-1850　FAX.03-3239-1851
http://ab-books.hondana.jp/

編集協力…………………株式会社フォト・パブリッシング
デザイン・DTP ………柏倉栄治
印刷・製本 ……………モリモト印刷株式会社

ISBN978-4-86598-853-6 C0026